绘画师

Midjourney实战版

深入学习AIGC智能作画

毛敬玉　李想　陈天超　编著

清華大学出版社
北京

内 容 简 介

本书通过 20 个 AI 绘画案例，深入介绍了 Midjourney 的 30 多个核心功能，随书赠送了 100 多个同步教学视频、200 多个案例素材文件与效果文件、15 000 多个 AI 绘画关键词，帮助大家从入门到精通 Midjourney 的功能，从新手成为 AI 绘画的高手！

本书具体内容包括：摄影类 AI 绘画实操案例；绘画、艺术类 AI 绘画实操案例；产品设计、Logo 设计类 AI 绘画实操案例；生活用品、服装首饰类 AI 绘画实操案例；室内场景、建筑设计类 AI 绘画实操案例；卡通漫画、游戏场景、影视特效、宣传海报、虚拟场景类 AI 绘画实操案例，帮助读者快速掌握 AI 绘画在各个领域的应用。

本书图片精美丰富，讲解深入浅出，实战性强，适合以下人员阅读：一是对绘画与设计感兴趣的 AI 绘画初学者；二是设计师、摄影师、插画师、漫画家、短视频博主、自媒体创作者、艺术工作者等；三是相关培训机构、职业院校的师生。

图书在版编目 (CIP) 数据

绘画师：深入学习 AIGC 智能作画：Midjourney 实战版 / 毛敬玉，李想，陈天超编著 . —北京：清华大学出版社，2024.5

ISBN 978-7-302-65939-6

Ⅰ . ①绘… Ⅱ . ①毛… ②李… ③陈… Ⅲ . ①图像处理软件 Ⅳ . ① TP391.413

中国国家版本馆 CIP 数据核字 (2024) 第 065022 号

责任编辑：韩宜波
封面设计：徐　超
版式设计：方加青
责任校对：孙艺雯
责任印制：沈　露

出版发行：清华大学出版社
网　　址：https://www.tup.com.cn，https://www.wqxuetang.com
地　　址：北京清华大学学研大厦 A 座　　**邮　　编：**100084
社 总 机：010-83470000　　**邮　　购：**010-62786544
投稿与读者服务：010-62776969，c-service@tup.tsinghua.edu.cn
质 量 反 馈：010-62772015，zhiliang@tup.tsinghua.edu.cn
印 装 者：三河市铭诚印务有限公司
经　　销：全国新华书店
开　　本：185mm×260mm　　**印　　张：**14.75　　**字　　数：**371 千字
版　　次：2024 年 5 月第 1 版　　**印　　次：**2024 年 5 月第 1 次印刷
定　　价：88.00 元

产品编号：104126-01

前言

FOREWORD

策划起因

Midjourney是一个人工智能程序，它可以根据文本生成图像。用户只需要输入文字说明，就能通过人工智能产出相对应的图片，除此之外还可以使用各种指令和关键词来改变绘图的效果，生成更优秀的AI画作。

在当今数字化时代，AI技术已经渗透到了我们生活的各个领域，包括艺术创作领域。AI绘画作为一种崭新的艺术形式，带来了许多独特的优势，不仅提高了创作效率，还为艺术家和设计师带来了前所未有的创作可能性。它重新定义了创作的边界，拓展了艺术的表现形式，打破了常人对创作和艺术的传统认知。

AI绘画最显著的优势之一是其惊人的创作速度和创意输出，传统绘画通常需要艺术家花费数小时、数天甚至数周的时间来创作一幅作品。然而，AI可以在几秒钟内生成多幅不同风格的作品，这大大节省了绘画的时间，从而为创作者提供了更多的时间来专注于提炼和发展他们的创意。

然而，尽管AI绘画有着众多优势，我们也不应该为此而骄傲自满，一有成绩就忘记自己的初心，我们应牢记“空谈误国，实干兴邦”的理念，坚定信心、同心同德，埋头苦干、奋勇前进。要将AI技术视为一种增强艺术创作的工具，而不是替代品。只有不断地在AI绘画方面下功夫，才会有更大的可能获得更大的成功。

系列图书

为帮助大家全方位成长，笔者团队特别策划了“深入学习”系列图书，从短视频的运镜、剪辑、特效、调色，到视音频的编辑、平面广告设计、AI智能绘画，应有尽有。该系列图书如下：

- 《运镜师：深入学习脚本设计与分镜拍摄（短视频实战版）》
- 《剪辑师：深入学习视频剪辑与爆款制作（剪映实战版）》
- 《音效师：深入学习音频剪辑与配乐（Audition实战版）》
- 《特效师：深入学习影视剪辑与特效制作（Premiere实战版）》
- 《调色师：深入学习视频和电影调色（达芬奇实战版）》
- 《视频师：深入学习视音频编辑（EDIUS实战版）》

● 《设计师：深入学习图像处理与平面制作（Photoshop实战版）》
● 《绘画师：深入学习AIGC智能作画（Midjourney实战版）》

该系列图书最大的亮点，就是通过案例介绍操作技巧，让读者在实战中精通软件。目前市场上的同类书，大多侧重于软件知识点的介绍，比较零碎，学完了不一定能制作出完整的作品，而本书安排了小、中、大型案例，采用效果展示、任务驱动式写法，讲解由浅入深、循序渐进、层层剖析。

本书思路

本书为上述系列图书中的《绘画师：深入学习AIGC智能作画（Midjourney实战版）》，具体的写作思路与特色如下。

❶ 20个主题，案例实战：本书通过"理论+案例"的形式，介绍了AI绘画在不同领域的操作效果，包括风光摄影、人像摄影、对称艺术、生态摄影、角色原画、卡通漫画、水墨插画、品牌Logo、商品主图、工业设计、电子产品、服装设计、珠宝首饰、室内场景、建筑设计、电影海报、虚拟模特、影视特效、游戏场景以及缩放动画，帮助读者了解AI绘画的魅力，并掌握其在各个领域的应用方法。

❷ 内置插件，全新功能：书中用到了两种常用的插件，分别是适合进行二次元绘画的niji·journey和可以进行人像换脸的InsightFaceSwap。同时，本书还使用了Midjourney最新版本中的无限缩放功能、平移扩图功能以及局部重绘功能，带领读者走进AI绘画的新世界大门，让绘画设计更具乐趣。

❸ 200多个案例素材与效果提供：为方便大家学习，提供了书中案例的素材文件和效果文件，以及15 000多个AI绘画关键词。

❹ 100多个同步教学视频赠送：为了大家能更高效地学习，书中案例全部录制了同步高清教学视频，用手机扫描章节中的二维码直接观看。

本书提供案例的素材文件、效果文件、视频文件以及AI绘画关键词，扫一扫下面的二维码，推送到自己的邮箱后下载获取。

温馨提示

（1）版本更新：本书在编写时，是基于当前各种AI工具和软件的界面截取的实际操作图片，但本书从编辑到出版需要一段时间，在这段时间里，这些工具的功能和界面可能会有变动，请读者在阅读时，根据书中的思路，举一反三进行学习。其中，ChatGPT版本为3.5，Midjourney版本为5.2，剪映版本为4.3.1。

（2）关键词的使用：在Midjourney中，尽量使用英文关键词，对于英文单词的格式没有太多要求，如首字母大小写不用统一、单词顺序不用太讲究等。但需要注意的是，关键词之间最好用空格或逗号隔开，同时所有的标点符号使用英文输入法输入。最后再提醒一点，即使是相同的关键词，AI工具每次生成的文案、图片或视频内容也会有差别。

本书由毛敬玉、李想、陈天超编著，其中，兰州职业学院的毛敬玉老师编写了第1～3章，共计48千字；兰州职业技术学院的李想老师编写了第4～11章、第14章，共计159千字；兰州职业技术学院的陈天超老师编写了第12、13章和第15～20章，共计156千字。在此感谢向航志、苏高在本书编写时提供的素材帮助。

由于编者水平有限，书中难免有疏漏之处，恳请广大读者批评、指正。

编 者

目录
CONTENTS

第1章 风光摄影：制作《雪山风景》/ 1

1.1 《雪山风景》效果展示 …… 2
- 1.1.1 效果欣赏 …… 2
- 1.1.2 学习目标 …… 3
- 1.1.3 制作思路 …… 3
- 1.1.4 知识讲解 …… 3
- 1.1.5 要点讲堂 …… 3

1.2 《雪山风景》制作流程 …… 4
- 1.2.1 生成关键词 …… 4
- 1.2.2 生成照片 …… 5
- 1.2.3 添加指令 …… 6
- 1.2.4 添加细节 …… 6
- 1.2.5 调整效果 …… 7
- 1.2.6 设置比例 …… 8

第2章 人像摄影：制作《艺术肖像》/ 10

2.1 《艺术肖像》效果展示 …… 11
- 2.1.1 效果欣赏 …… 11
- 2.1.2 学习目标 …… 12
- 2.1.3 制作思路 …… 12
- 2.1.4 知识讲解 …… 12
- 2.1.5 要点讲堂 …… 12

2.2 《艺术肖像》制作流程 …… 13
- 2.2.1 生成照片主体 …… 13
- 2.2.2 设置画面景别 …… 14
- 2.2.3 设置拍摄角度 …… 15
- 2.2.4 设置光线角度 …… 17
- 2.2.5 设置构图方式 …… 17
- 2.2.6 设置摄影风格 …… 18

第3章 对称艺术：制作《夜景桥梁》/ 21

3.1 《夜景桥梁》效果展示 …… 22
- 3.1.1 效果欣赏 …… 22
- 3.1.2 学习目标 …… 23
- 3.1.3 制作思路 …… 23
- 3.1.4 知识讲解 …… 23
- 3.1.5 要点讲堂 …… 23

3.2 《夜景桥梁》制作流程 …… 24
- 3.2.1 生成照片主体 …… 24
- 3.2.2 添加画面细节 …… 25
- 3.2.3 设置镜头类型 …… 26

3.2.4 设置构图方式 ······ 27
3.2.5 优化出图品质 ······ 30

第4章 生态摄影：制作《动物世界》/ 31

4.1 《动物世界》效果展示 ······ 32
4.1.1 效果欣赏 ······ 32
4.1.2 学习目标 ······ 33
4.1.3 制作思路 ······ 33
4.1.4 知识讲解 ······ 33
4.1.5 要点讲堂 ······ 33
4.2 《动物世界》制作流程 ······ 34
4.2.1 生成动物照片 ······ 34
4.2.2 设置镜头景别 ······ 39
4.2.3 添加画面细节 ······ 40
4.2.4 更换画面对象 ······ 41

第5章 角色原画：制作《滑板高手》/ 45

5.1 《滑板高手》效果展示 ······ 46
5.1.1 效果欣赏 ······ 46
5.1.2 学习目标 ······ 47
5.1.3 制作思路 ······ 47
5.1.4 知识讲解 ······ 47
5.1.5 要点讲堂 ······ 47
5.2 《滑板高手》制作流程 ······ 48
5.2.1 生成关键词 ······ 48
5.2.2 生成角色原画 ······ 49
5.2.3 重新生成原画 ······ 50
5.2.4 修改角色元素 ······ 52

第6章 卡通漫画：制作《欢乐厨房》/ 56

6.1 《欢乐厨房》效果展示 ······ 57
6.1.1 效果欣赏 ······ 57
6.1.2 学习目标 ······ 58
6.1.3 制作思路 ······ 58
6.1.4 知识讲解 ······ 58
6.1.5 要点讲堂 ······ 58
6.2 《欢乐厨房》制作流程 ······ 59
6.2.1 生成关键词 ······ 59
6.2.2 生成卡通漫画 ······ 60
6.2.3 使用不同风格 ······ 63
6.2.4 保存图片 ······ 69

第7章 水墨插画：制作《密林侠客》/ 71

7.1 《密林侠客》效果展示 ······ 72
7.1.1 效果欣赏 ······ 72
7.1.2 学习目标 ······ 73
7.1.3 制作思路 ······ 73
7.1.4 知识讲解 ······ 73
7.1.5 要点讲堂 ······ 73
7.2 《密林侠客》制作流程 ······ 74
7.2.1 生成关键词 ······ 74
7.2.2 生成插画主体 ······ 75
7.2.3 生成插画角色 ······ 77
7.2.4 进行混合生图 ······ 78

第8章 品牌Logo：制作《精致美妆》/ 82

8.1 《精致美妆》效果展示 ······ 83

8.1.1 效果欣赏 ······ 83
8.1.2 学习目标 ······ 83
8.1.3 制作思路 ······ 84
8.1.4 知识讲解 ······ 84
8.1.5 要点讲堂 ······ 84

8.2 《精致美妆》制作流程 ······ 85

8.2.1 生成关键词 ······ 85
8.2.2 生成Logo ······ 86
8.2.3 添加风格 ······ 87
8.2.4 其他风格 ······ 89

第9章 商品主图：制作《护肤精华》/ 95

9.1 《护肤精华》效果展示 ······ 96

9.1.1 效果欣赏 ······ 96
9.1.2 学习目标 ······ 97
9.1.3 制作思路 ······ 97
9.1.4 知识讲解 ······ 97
9.1.5 要点讲堂 ······ 97

9.2 《护肤精华》制作流程 ······ 98

9.2.1 使用垫图功能 ······ 98
9.2.2 生成图像主体 ······ 99
9.2.3 添加图像背景 ······ 100
9.2.4 改变构图方式 ······ 101
9.2.5 改变艺术风格 ······ 102
9.2.6 设置图像参数 ······ 103

第10章 工业设计：制作《卓越跑车》/ 106

10.1 《卓越跑车》效果展示 ······ 107

10.1.1 效果欣赏 ······ 107
10.1.2 学习目标 ······ 107
10.1.3 制作思路 ······ 108
10.1.4 知识讲解 ······ 108
10.1.5 要点讲堂 ······ 108

10.2 《卓越跑车》制作流程 ······ 109

10.2.1 生成关键词 ······ 109
10.2.2 生成图像主体 ······ 110
10.2.3 调整图像风格 ······ 111
10.2.4 设置对象颜色 ······ 112
10.2.5 添加图像场景 ······ 113
10.2.6 设置图像参数 ······ 114

第11章 电子产品：制作《智能音箱》/ 116

11.1 《智能音箱》效果展示 ······ 117

11.1.1 效果欣赏 ······ 117
11.1.2 学习目标 ······ 117
11.1.3 制作思路 ······ 118
11.1.4 知识讲解 ······ 118
11.1.5 要点讲堂 ······ 118

11.2 《智能音箱》制作流程 ······ 118

11.2.1 生成关键词 ······ 119
11.2.2 生成图像主体 ······ 120
11.2.3 添加图像场景 ······ 121
11.2.4 设置图像参数 ······ 122

第12章 服装设计：制作《唯美汉服》/ 127

12.1 《唯美汉服》效果展示 ······ 128

12.1.1 效果欣赏 ······ 128
12.1.2 学习目标 ······ 129
12.1.3 制作思路 ······ 129
12.1.4 知识讲解 ······ 129
12.1.5 要点讲堂 ······ 129

12.2 《唯美汉服》制作流程 ······ 130

12.2.1 生成关键词 ······ 130
12.2.2 生成图像主体 ······ 131
12.2.3 添加画面光线 ······ 133
12.2.4 设置图像参数 ······ 133

第13章 珠宝首饰：制作《璀璨钻戒》/ 137

13.1 《璀璨钻戒》效果展示 ······ 138

13.1.1 效果欣赏 ······ 138
13.1.2 学习目标 ······ 139
13.1.3 制作思路 ······ 139
13.1.4 知识讲解 ······ 139
13.1.5 要点讲堂 ······ 139

13.2 《璀璨钻戒》制作流程 ······ 140

13.2.1 生成关键词 ······ 140
13.2.2 生成图像主体 ······ 141
13.2.3 设置画面场景 ······ 142
13.2.4 添加画面光线 ······ 143
13.2.5 设置图像参数 ······ 144

第14章 室内场景：制作《温馨小屋》/ 147

14.1 《温馨小屋》效果展示 ······ 148

14.1.1 效果欣赏 ······ 148
14.1.2 学习目标 ······ 149
14.1.3 制作思路 ······ 149
14.1.4 知识讲解 ······ 149
14.1.5 要点讲堂 ······ 149

14.2 《温馨小屋》制作流程 ······ 150

14.2.1 生成关键词 ······ 150
14.2.2 生成图像主体 ······ 152
14.2.3 添加画面光线 ······ 153
14.2.4 设置图像参数 ······ 153

第15章 建筑设计：制作《欧式城堡》/ 155

15.1 《欧式城堡》效果展示 ······ 156

15.1.1 效果欣赏 ······ 156
15.1.2 学习目标 ······ 157
15.1.3 制作思路 ······ 157
15.1.4 知识讲解 ······ 157
15.1.5 要点讲堂 ······ 157

15.2 《欧式城堡》制作流程 ······ 158

15.2.1 生成画面主体 ······ 158
15.2.2 补充画面细节 ······ 159
15.2.3 指定画面色调 ······ 160
15.2.4 设置画面参数 ······ 161
15.2.5 指定艺术风格 ······ 162

15.2.6 设置画面尺寸 ······ 163

第16章 电影海报：制作《星际穿梭》/ 165

16.1 《星际穿梭》效果展示 ······ 166
16.1.1 效果欣赏 ······ 166
16.1.2 学习目标 ······ 167
16.1.3 制作思路 ······ 167
16.1.4 知识讲解 ······ 167
16.1.5 要点讲堂 ······ 167
16.2 《星际穿梭》制作流程 ······ 168
16.2.1 绘制主体 ······ 168
16.2.2 添加背景 ······ 170
16.2.3 设置景别 ······ 171
16.2.4 调整风格 ······ 172
16.2.5 设置参数 ······ 173
16.2.6 添加文案 ······ 176

第17章 虚拟模特：制作《衬衫模特》/ 177

17.1 《衬衫模特》效果展示 ······ 178
17.1.1 效果欣赏 ······ 178
17.1.2 学习目标 ······ 179
17.1.3 制作思路 ······ 179
17.1.4 知识讲解 ······ 179
17.1.5 要点讲堂 ······ 179
17.2 《衬衫模特》制作流程 ······ 180
17.2.1 生成关键词 ······ 180
17.2.2 生成模特主体 ······ 181
17.2.3 添加图像背景 ······ 181
17.2.4 设置图像参数 ······ 182
17.2.5 进行人像换脸 ······ 184

第18章 影视特效：制作《粒子火花》/ 187

18.1 《粒子火花》效果展示 ······ 188
18.1.1 效果欣赏 ······ 188
18.1.2 学习目标 ······ 189
18.1.3 制作思路 ······ 189
18.1.4 知识讲解 ······ 189
18.1.5 要点讲堂 ······ 189
18.2 《粒子火花》制作流程 ······ 190
18.2.1 生成关键词 ······ 190
18.2.2 生成特效 ······ 191
18.2.3 添加特效场景 ······ 191
18.2.4 设置图像参数 ······ 192
18.2.5 生成其他特效 ······ 194

第19章 游戏场景：制作《神秘古堡》/ 197

19.1 《神秘古堡》效果展示 ······ 198
19.1.1 效果欣赏 ······ 198
19.1.2 学习目标 ······ 199
19.1.3 制作思路 ······ 199
19.1.4 知识讲解 ······ 199
19.1.5 要点讲堂 ······ 199
19.2 《神秘古堡》制作流程 ······ 200
19.2.1 生成关键词 ······ 200
19.2.2 生成画面主体 ······ 201
19.2.3 设置画面比例 ······ 202

19.2.4 调整渲染质量 ············202
19.2.5 控制画面艺术性 ············203
19.2.6 使用平移扩图 ············205

第20章 缩放动画：制作《探索》/ 208

20.1 《探索》效果展示 ············ 209
20.1.1 效果欣赏 ············209
20.1.2 学习目标 ············210
20.1.3 制作思路 ············210
20.1.4 知识讲解 ············211
20.1.5 要点讲堂 ············211

20.2 《探索》制作流程 ············211
20.2.1 设置版本号 ············211
20.2.2 生成图片素材 ············212
20.2.3 缩放画面场景 ············214
20.2.4 进行场景转换 ············215
20.2.5 导入图片素材 ············220
20.2.6 添加视频关键帧 ············222
20.2.7 添加背景音乐 ············223
20.2.8 将视频导出 ············224

第1章 风光摄影：制作《雪山风景》

随着人工智能技术的发展，AI摄影绘画日益成为全球视觉艺术领域的热门话题。AI算法的应用，使数字化的摄影和绘画创作方式更加多样化，同时创意和表现力也得到了新的提升。本章将通过一个综合案例对生成风光摄影照片的相关操作流程进行全面介绍，让读者对AI绘画有更深的了解。

1.1 《雪山风景》效果展示

风光摄影是一种摄影类型，专注于捕捉自然风光和大自然景观的艺术形象。这种类型的摄影以通过摄影师的艺术视角和技巧来呈现美丽、壮观或引人入胜的自然景色为目标。

风光摄影的题材通常包括山脉、湖泊、河流、海洋、森林、草原、日出、日落、星空等自然景象，以及季节性的自然现象如叶落、结冰、雾、积雪等。这种摄影形式常常用于艺术作品、旅游宣传、自然保护活动以及个人创作，以展示大自然的壮丽之美，并提醒人们珍惜和保护我们的自然环境。

在制作《雪山风景》照片之前，首先来欣赏本案例的图片效果，并了解本案例的学习目标、制作思路、知识讲解和要点讲堂。

1.1.1 效果欣赏

《雪山风景》风光摄影的画面效果如图1-1所示。

图1-1 《雪山风景》画面效果

1.1.2 学习目标

知识目标	掌握风光摄影图片的生成方法
技能目标	（1）掌握用ChatGPT生成关键词的操作方法 （2）掌握用Midjourney生成照片的操作方法 （3）掌握给图片添加指令的操作方法 （4）掌握给图片添加细节的操作方法 （5）掌握给图片添加光线的操作方法 （6）掌握给图片设置比例的操作方法
本章重点	给画面添加光线
本章难点	给画面添加细节
视频时长	3分04秒

1.1.3 制作思路

本案例的制作首先要在ChatGPT中生成绘画关键词，接着将关键词输入至imagine指令后面，生成照片。然后添加摄影指令增强画面的真实感，接下来添加细节元素丰富画面效果，调整画面的光线和色彩，最后修改图片比例来提升出图品质。图1-2所示为本案例的制作思路。

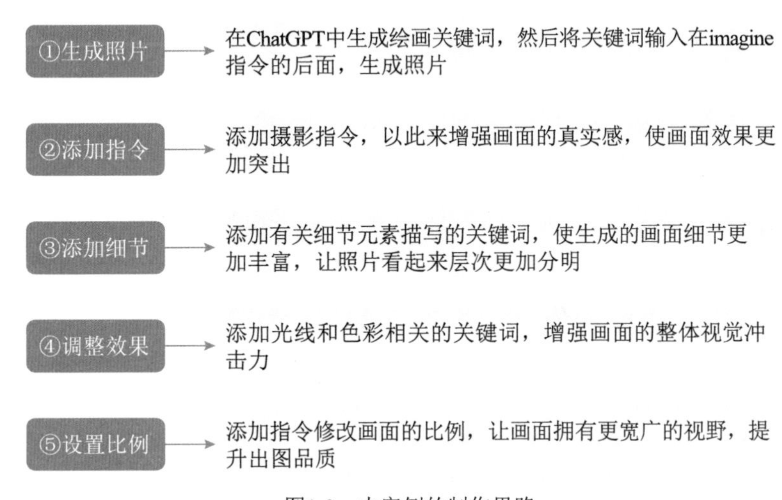

图1-2 本案例的制作思路

1.1.4 知识讲解

风光摄影的目标是通过合适的构图、光线、颜色和后期处理来表达摄影师对自然之美的独特视角。用户在生成图像时可以使用广角镜头相关的关键词来捕捉广阔的景色，同时还需要考虑天气、季节和时间等因素，以获得最佳的照片效果。

1.1.5 要点讲堂

在本章内容中，会在照片中添加关键词环境光（ambient light）与自然光（natural light）。借助环境光拍摄的照片通常呈现更真实的感觉，能够反映实际环境的亮度和色彩；借助自然光拍摄的照片具有柔和的阴影和真实的色彩，有助于捕捉到环境的真实面貌。除了以上的关键词外，还有其他几种光线类型的关键词，下面向大家介绍。

❶ 冷光（cold light）是指色温较高的光线，通常呈现出蓝色、白色等冷色调。在AI摄影中，使用关键词cold light可以营造出寒冷、清新、高科技的画面感，并且能够突出主体对象的纹理和细节。

❷ 暖光（warm light）是指色温较低的光线，通常呈现出黄、橙、红等暖色调。在AI摄影中，使用关键词warm light可以营造出温馨、舒适、浪漫的画面感，并且能够突出主体对象的色彩和质感。

❸ 边缘光（edge light）是指从主体的侧面或者背面照射过来的光线，通常用于强调主体的形状和轮廓。使用关键词edge light可以突出目标物体的形态和立体感，非常适合用于生成人像和静物等类型的AI摄影作品。

❹ 轮廓光（contour light）是指可以勾勒出主体轮廓线条的侧光或逆光。轮廓光能够使画面产生强烈的视觉张力和层次感，提升视觉效果。使用关键词contour light可以使主体更清晰、生动，增强照片的展示效果，使其更加吸引观众的注意力。

❺ 太阳光（sun light）是指来自太阳的自然光线，在摄影中也常被称为自然光（natural light）或日光（daylight）。在AI摄影中，使用关键词sun light可以给主体带来非常强烈、明亮的光线效果，同时也能够产生鲜明、生动、舒适、真实的色彩和阴影效果。

生成风光摄影照片的主要方法为：在imagine指令后面输入ChatGPT生成的绘画关键词，然后在关键词中添加相关的摄影指令和细节元素描写，再添加光线和色彩相关的关键词，最后修改画面的比例。

1.2 《雪山风景》制作流程

在通过AI模型生成图像时，首先要描述画面主体，即用户需要画一个什么样的东西，要把画面的主体内容讲清楚，通过文字描述的形式，将文字转化为图像并展示出来。本节将讲解使用ChatGPT和Midjourney制作一张雪山风景照片的具体操作，让读者对AI绘画的操作有更深的了解。

1.2.1 生成关键词

扫码看视频

STEP 01 ⋙ 赋予身份，训练模型：首先，在ChatGPT中输入相应的提示词，对ChatGPT的AI模型进行训练，让它了解我们想要的大致内容格式，如图1-3所示。

RI 我是一个使用AI绘画软件作画的作者，软件的要求是输入提示词与关键词，然后生成画作。软件要求的提示词格式如下：a[媒介]of[主体]with[主体特点]，the style of [摄影风格]，[背景]，[视角]，[精度]，[光照]，[色彩]，[渲染]。
方括号[]中的内容一律使用英文单词或短语，我来描述我想要的媒介和主体，你来帮我生成绘画软件的提示词。

当然，我可以帮您生成适合绘画软件的提示词。请提供您想要的媒介和主体，然后我将帮您生成相应的提示词。

图1-3 训练ChatGPT的AI模型

STEP 02 提出需求，撰写文案：将我们想要生成的照片信息告诉ChatGPT，让它生成符合要求的关键词，ChatGPT的回答如图1-4所示。

RI 媒介为摄影作品，主体为雪山风光

好的，根据您提供的信息，以下是一些适合摄影作品的提示词：

a photograph of snow-capped mountains with majestic peaks, the style of landscape photography, a snowy landscape, a high-angle view, high precision, natural lighting, vibrant colors, detailed rendering.

这些提示词可以帮助您的AI绘画软件生成描述雪山风光的摄影作品。如果您需要进一步的提示词或修改，请随时告诉我。

图1-4 使用ChatGPT生成关键词

1.2.2 生成照片

扫码看视频

在ChatGPT中生成照片关键词后，可以将其直接输入到Midjourney中生成对应的照片。具体操作方法如下。

STEP 01 在Midjourney中调用imagine指令，输入在ChatGPT中生成的照片关键词，如图1-5所示。

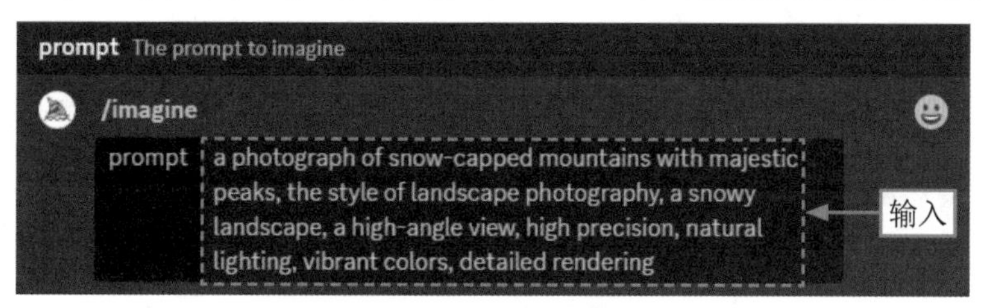

图1-5 输入相应关键词

STEP 02 按Enter键确认，Midjourney将生成4张对应的图片，如图1-6所示。

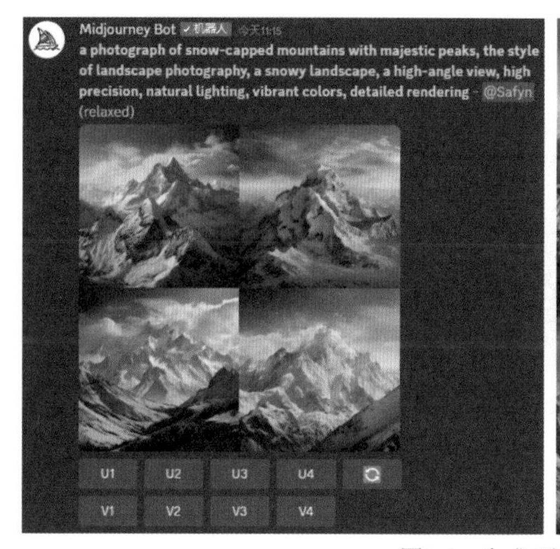

图1-6 生成4张对应的图片

1.2.3 添加指令

从图1-6中可以看到，直接通过ChatGPT的关键词生成的图片仍然不够真实，因此需要添加一些专业的摄影指令来增强照片的真实感。具体操作方法如下。

STEP 01 在Midjourney中调用imagine指令，输入相应的关键词，如图1-7所示，在1.2.2节的基础上添加了相机型号、感光度等关键词，并将风格描述关键词修改为in the style of photo-realistic landscapes（大意为：具有真实风景照片般的风格）。

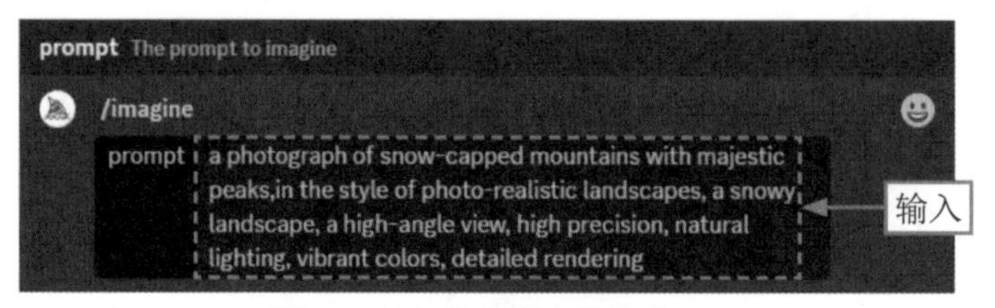

图1-7　输入优化照片的关键词

STEP 02 按Enter键确认，Midjourney将生成4张对应的图片，效果如图1-8所示。

图1-8　Midjourney生成的图片效果

1.2.4 添加细节

接下来添加一些有关细节元素描写的关键词，以丰富画面效果，使Midjourney生成的照片更加生动、有趣和吸引人。具体操作方法如下。

STEP 01 在Midjourney中调用imagine指令，输入相应的关键词，如图1-9所示，主要在1.2.3节的基础上增加了关键词a view of the mountains and river（大意为：群山和河流的景色）。

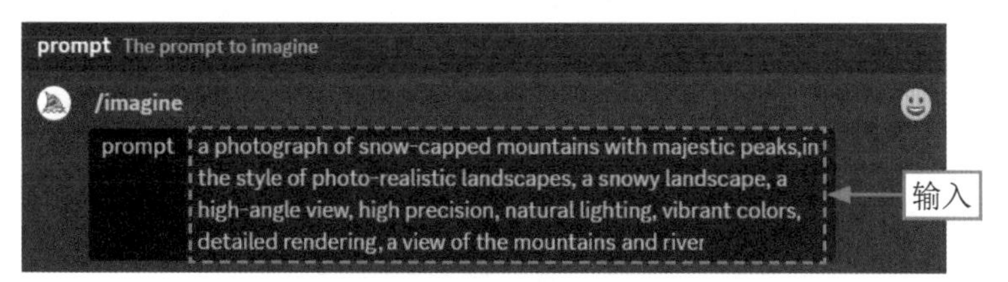

图1-9 输入添加细节元素的关键词

STEP 02 按Enter键确认，Midjourney将生成4张对应的图片，可以看到画面中的细节元素更加丰富，画面中不仅有雪山，而且前景处还出现了一条河流，效果如图1-10所示。

图1-10 添加细节元素后的图片效果

1.2.5 调整效果

接下来增加一些光线和色彩相关的关键词，以增强画面的整体视觉冲击力。具体操作方法如下。

STEP 01 在Midjourney中调用imagine指令，输入相应的关键词，如图1-11所示，主要在1.2.4节的基础上增加了关键词Natural light, ambient light（大意为：自然光，环境光）。

STEP 02 按Enter键确认，Midjourney将生成4张对应的图片，可以看出画面具有了更加逼真的影调，效果如图1-12所示。

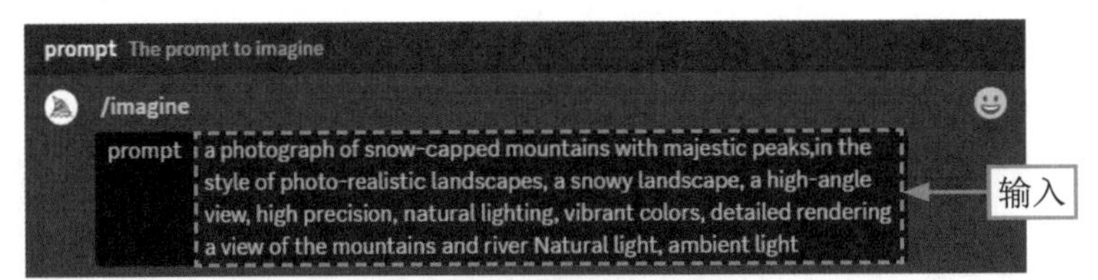

图1-11　输入设置光线的关键词

图1-12　添加光线后的图片效果

1.2.6　设置比例

最后增加一些提升出图品质的关键词，并适当改变画面的横纵比，让画面拥有更加宽广的视野。具体操作方法如下。

STEP 01 在Midjourney中调用imagine指令，输入相应的关键词，如图1-13所示，主要在1.2.5节的基础上增加了关键词8K -- ar 16:9（大意为：8K画面，画面比例16:9）。

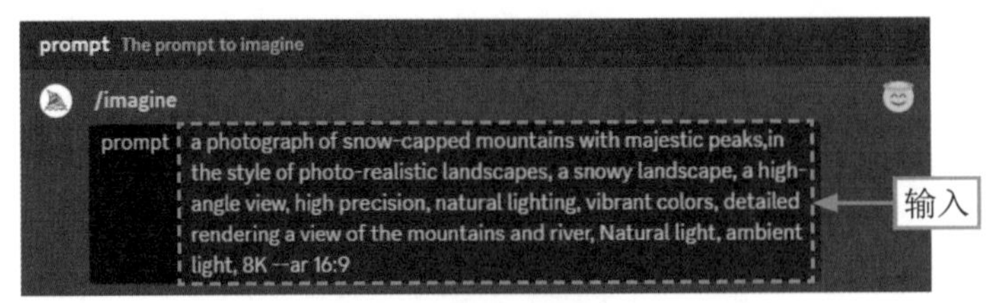

图1-13　输入设置画面横纵比的关键词

STEP 02 按Enter键确认，Midjourney将生成更加清晰、细腻和真实的图片，效果如图1-14所示。

图1-14　改变画面横纵比后的图片效果

第2章 人像摄影：制作《艺术肖像》

在所有的摄影题材中，人像的拍摄占据着非常大的比例，因此如何用AI模型生成人像照片也是很多初学者迫切想学会的。多学、多看、多练、多积累关键词，这些都是创作优质AI人像摄影作品的必经之路。艺术肖像是一种更具创意性的人像摄影，本章将介绍其具体的生成方法。

2.1 《艺术肖像》效果展示

人像摄影是一种专注于捕捉人类面部表情、特征和情感的摄影类型。它的主要目标是突出人物主体，以展示他们的个性、情感、美丽等特定特征。人像摄影可以包括各种不同的风格和主题，从肖像照到时尚摄影，从家庭照到职业头像，从纪实照片到艺术性肖像等。

在制作《艺术肖像》照片之前，首先来欣赏本案例的图片效果，并了解本案例的学习目标、制作思路、知识讲解和要点讲堂。

2.1.1 效果欣赏

《艺术肖像》人像摄影的画面效果如图2-1所示。

图2-1 《艺术肖像》画面效果

2.1.2 学习目标

知识目标	掌握人像摄影照片的生成方法
技能目标	（1）掌握在Midjourney中生成《艺术肖像》照片的操作方法 （2）掌握设置画面景别的操作方法 （3）掌握设置拍摄角度的操作方法 （4）掌握设置光线角度的操作方法 （5）掌握设置构图方式的操作方法 （6）掌握设置摄影风格的操作方法
本章重点	设置画面景别
本章难点	设置拍摄角度
视频时长	2分19秒

2.1.3 制作思路

本案例的制作首先要在Midjourney中将关键词输入至imagine指令后面，生成《艺术肖像》照片主体，然后为其设置画面景别和拍摄角度，接下来调整画面的光线角度，设置照片的构图方式，最后设置照片的摄影风格。图2-2所示为本案例的制作思路。

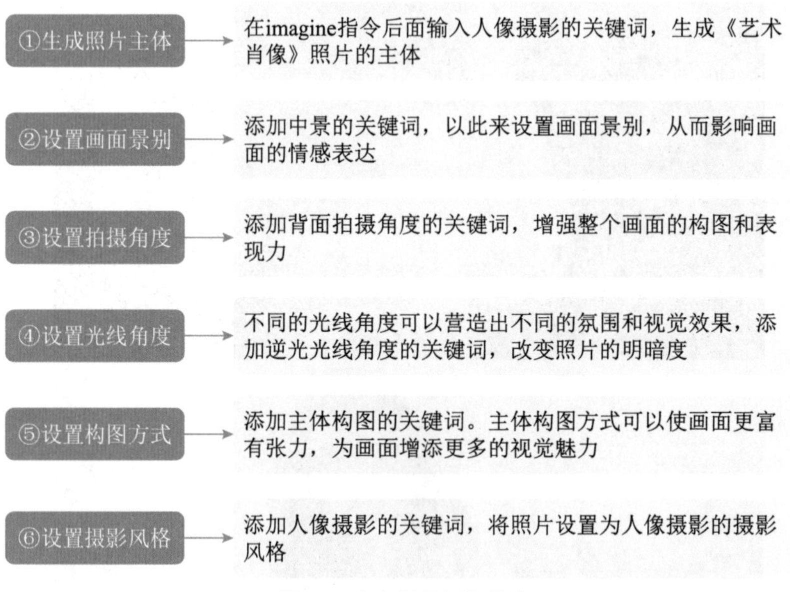

图2-2 本案例的制作思路

2.1.4 知识讲解

在人像摄影中，主要焦点通常在被拍摄者的脸部或特定的身体部位上，以突出人物的特征。光线是影响人像摄影效果的关键因素之一，合适的光线可以塑造面部特征，产生阴影和高光，增强图像的深度和维度，因此添加自然光、闪光灯等关键词可以创造出不同的效果。

2.1.5 要点讲堂

在本案例中，使用了关键词mid-shot（中景）。中景是指将人物主体的上半身（通常为膝盖以上）

呈现在画面中，可以展示出一定程度的背景环境，同时也能够使人物主体更加突出。中景景别的特点是以表现某一事物的主要部分为中心，突出画面中人与人以及人与物之间的关系等，以形成良好的视觉效果。下面向大家介绍其他类型的景别。

❶ 远景（wide angle）又称为广角视野（ultra wide shot），指以较远的距离拍摄某个场景或大环境，呈现出广阔的视野和大范围的画面效果。在AI摄影中，使用关键词wide angle能够将人物、建筑或其他元素与周围环境相融合，突出场景的宏伟壮观和自然风貌。另外，wide angle不仅可以表现出人与环境之间的关系，还起到烘托氛围和衬托主体的作用，使得整个画面更富有层次感。

❷ 全景（full shot）是指将整个主体对象完整地展现于画面中，可以使观众更好地了解到主体的形态和特点，并进一步感受到主体的气质与风貌。在AI摄影中，使用关键词full shot可以更好地表达被摄主体的自然状态、姿态和大小，可以将其完整地呈现出来。同时，full shot还可以作为补充元素，用于烘托氛围和强化主题，从而更加生动、具体地突出主体对象的情感和心理变化。

❸ 近景（medium close up）是指将人物主体的头部和肩部（通常为胸部以上）完整地展现于画面中，能够突出人物的面部表情和细节特点。在AI摄影中，使用关键词medium close up能够很好地表现出人物主体的情感细节，使画面的效果更加丰富。

❹ 特写（close up）是指将主体对象的某个部位或细节放大呈现于画面中，强调其重要性和细节特点，如人物的头部。在AI摄影中，使用关键词close up，可以使画面离主体对象更近，在人像摄影中主要体现在对人物面部的描绘。

❺ 超特写（extreme close up）是指将主体对象的极小部位放大呈现于画面中，适用于表述主体的最细微部分或某些特殊效果。在AI摄影中，使用关键词extreme close up可以更有效地突出画面主体，增强视觉效果，同时更为直观地传达观众想要了解的信息。

生成人像摄影照片的主要方法为：在imagine指令后面输入相关的绘画关键词，然后添加设置画面景别和拍摄角度的关键词，再添加设置光线角度和构图方式的关键词，最后设置照片的摄影风格。

2.2 《艺术肖像》制作流程

使用AI技术生成的作品更加细腻、生动、自然，同时也提高了创作者的创作效率和成果的精美度。本节将介绍制作《艺术肖像》照片效果的基本流程，帮助大家提升AI摄影作品制作的创意性和趣味性。

2.2.1 生成照片主体

扫码看视频

画面主体是构成照片的重要组成部分，是吸引观众视线和表现摄影主题的关键元素。画面主体可以是人物、风景、物体等任何具有视觉吸引力的事物，同时需要在构图中得到突出，与背景形成明显的对比，使其更加突显。下面介绍用描述画面主体的关键词生成AI摄影作品的操作方法。

STEP 01 在Midjourney中调用imagine指令，输入相应的主体描述关键词，如A girl wearing a white shirt, photo shoots, denim decorations, grassland background（大意为：穿着白色衬衫的女孩，摄影照片，牛仔装饰，草原背景），如图2-3所示。

图2-3　输入描述画面主体的关键词

STEP 02 按Enter键确认，生成相应的图片效果，如图2-4所示。

图2-4　画面主体效果

2.2.2　设置画面景别

画面景别所体现的就是主体与环境的关系，不同的景别可以在画面中容纳不同面积的环境，从而影响画面的情感表达。摄影中常用的画面景别有远景、全景、中景、近景、特写等类型。

在2.2.1节的关键词基础上，增加一些设置画面景别和图片尺寸的关键词，如mid-shot -- ar 4:3（中景，画面比例4:3），并通过Midjourney生成图片效果。具体操作方法如下。

STEP 01 在Midjourney中调用imagine指令，输入相应的关键词，如图2-5所示。

图2-5　输入设置画面景别和图片尺寸的关键词

STEP 02 按Enter键确认，生成相应的图片效果，即可改变画面的景别和尺寸，让人物稍微靠近镜头一些，如图2-6所示。

图2-6　改变画面景别和尺寸后的图片效果

2.2.3　设置拍摄角度

在摄影中，拍摄角度是指拍摄者相对于被拍摄物体的位置和角度，如俯拍、仰拍、平视、侧拍、斜拍、正面拍摄和背面拍摄等。同样，在AI摄影中，不同的角度也可以带来不同的视觉效果和情感传达，影响着整个画面的构图和表现力。

在2.2.2节的关键词基础上，对关键词进行优化和修改，同时增加设置拍摄角度的关键词，如Frontal shooting（正面拍摄），并通过Midjourney生成图片效果。具体操作方法如下。

STEP 01 在Midjourney中调用imagine指令，输入相应的关键词，如图2-7所示。

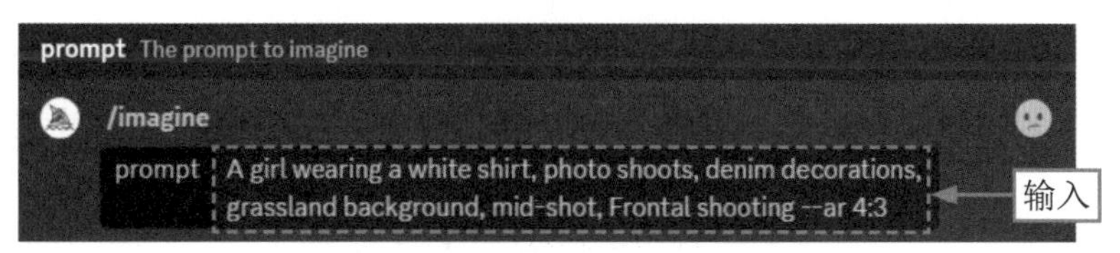

图2-7　输入设置拍摄角度的关键词

STEP 02 按Enter键确认，生成相应的图片效果，即可改变照片中人物的拍摄角度，如图2-8所示。

图2-8　改变拍摄角度后的图片效果

温馨提示：用户也可以将画面设置为其他的拍摄角度，例如添加关键词the back（背面），可以将拍摄角度设置为背面，如图2-9所示。

图2-9　背面拍摄角度的图片效果

2.2.4 设置光线角度

在摄影中，光线角度是指光线照射被拍摄物体的方向和角度。不同的光线角度可以营造出不同的氛围和视觉效果，影响照片的色彩、明暗度和阴影等。常见的光线角度包括正面光、背光、侧光、逆光等。

在2.2.3节的关键词基础上，增加描述光线角度的关键词，如Backlight shooting（逆光拍摄）、sunlight（太阳光线），并通过Midjourney生成图片效果。具体操作方法如下。

STEP 01 在Midjourney中调用imagine指令，输入相应的关键词，如图2-10所示。

图2-10 输入设置光线角度的关键词

STEP 02 按Enter键确认，生成相应的图片效果，即可改变画面中的光线角度，如图2-11所示。

图2-11 改变光线角度后的图片效果

2.2.5 设置构图方式

采用不同的构图方式可以使画面更加有序、平衡、稳定或富有张力，能够帮助创作者更好地表达自己的创作意图，为画面增添更多的视觉魅力。

在2.2.4节的关键词基础上，对关键词进行修改，增加设置构图方式的关键词，如Main composition（主体构图），并添加一些描写细节的关键词，如Plants and flowers（花花草草），然后通过Midjourney生成图片效果。具体操作方法如下。

STEP 01 在Midjourney中调用imagine指令，输入相应的关键词，如图2-12所示。

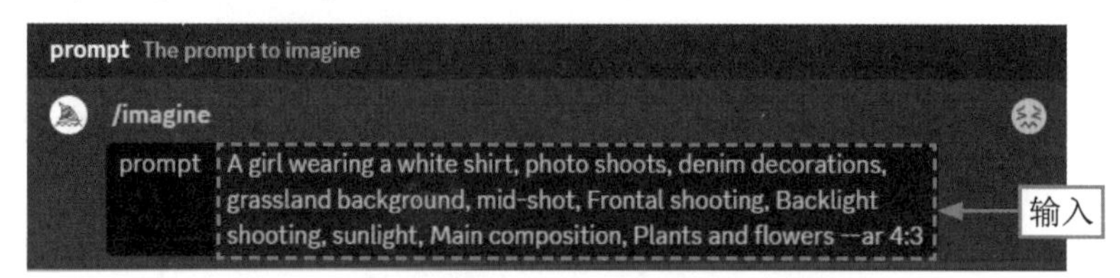

图2-12 输入设置构图方式和描写细节的关键词

STEP 02 按Enter键确认，生成相应的图片效果，即可调整画面的构图方式及添加相应细节，如图2-13所示。

图2-13 改变构图方式和添加细节后的图片效果

2.2.6 设置摄影风格

摄影风格是摄影师在创作时所采用的一系列表现手法和风格特征，它们能够反映出摄影师的个性和风格。用户可以根据自己的喜好和创作目的选择合适的摄影风格来提升照片的画面效果。

在2.2.5节的关键词基础上，增加描述摄影风格的关键词，如portrait（人像摄影），并通过Midjourney生成图片效果。具体操作方法如下。

STEP 01 在Midjourney中调用imagine指令，输入相应的关键词，如图2-14所示。

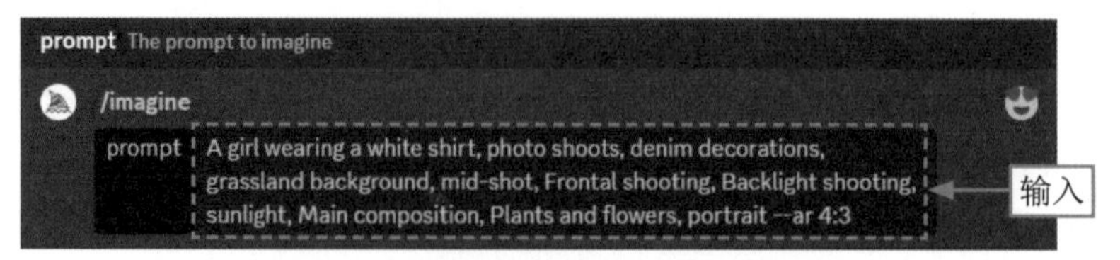

图2-14 输入描述摄影风格的关键词

STEP 02 按Enter键确认，生成相应的图片效果，即可改变画面的摄影风格，呈现出真实、自然的人物形象，如图2-15所示。

图2-15 改变摄影风格后的图片效果

STEP 03 在生成的4张图片中选择合适的一张，这里选择第2张图片，单击U2按钮，如图2-16所示。

图2-16 单击U2按钮

STEP 04 ▶▶ 执行操作后，Midjourney将在第2张图片的基础上，生成更多细节并放大图片，效果如图2-17所示。

图2-17　图片放大效果

第3章 对称艺术：制作《夜景桥梁》

构图在摄影中是至关重要的第一步，它不仅对照片的美感、视觉吸引力和信息传达能力有着深远的影响，更影响着观众的视觉感受和情感共鸣。使用合适的构图方式可以帮助摄影师创造视觉平衡，确保图像的各个部分不显得过于拥挤或不平衡，平衡的构图可以使照片看起来更舒适和更具吸引力。本章将为读者详细介绍使用Midjourney生成对称构图照片的方法。

3.1 《夜景桥梁》效果展示

对称构图（symmetrical composition）是指将被摄对象平分成两个或多个相等的部分，在画面中形成左右对称、上下对称或者对角线对称等不同形式，从而产生一种平衡和富有美感的画面效果。

在制作《夜景桥梁》照片之前，首先来欣赏本案例的图片效果，并了解本案例的学习目标、制作思路、知识讲解和要点讲堂。

3.1.1 效果欣赏

《夜景桥梁》对称艺术照片的画面效果如图3-1所示。

图3-1 《夜景桥梁》画面效果

3.1.2 学习目标

知识目标	掌握对称艺术照片的生成方法
技能目标	（1）掌握在 Midjourney 中生成照片主体的操作方法 （2）掌握添加画面细节的操作方法 （3）掌握设置镜头类型的操作方法 （4）掌握设置构图方式的操作方法 （5）掌握优化出图品质的操作方法
本章重点	设置镜头类型
本章难点	设置构图方式
视频时长	1 分 45 秒

3.1.3 制作思路

本案例的制作首先要在Midjourney中将关键词输入至imagine指令后面，生成对称艺术照片的主体，然后为其添加画面细节，设置合适的镜头类型，再设置构图方式，以达到更好的画面表达效果，最后优化照片的出图品质，提高照片的画面效果。图3-2所示为本案例的制作思路。

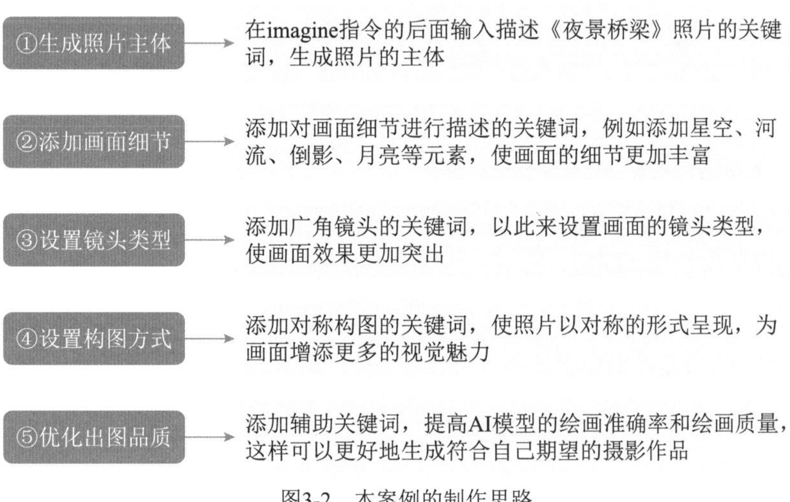

图3-2 本案例的制作思路

3.1.4 知识讲解

对称构图是摄影中一种常见的构图技巧，它可以创造出平衡、稳定和美观的画面。在生成对称构图的照片之前，首先要寻找场景中的对称元素，这些元素可以是建筑物、自然景观、人物或其他物体。

对称元素通常具有轴对称性，沿着某个中心线对称分布。在使用对称构图时要确保背景不会干扰到对称对象，避免在背景中引入杂乱的元素，以便使观众的注意力集中在对称主体上。让画面具有对称性是一种平衡、和谐的表现形式，因此对称构图被艺术家们广泛使用。

3.1.5 要点讲堂

在本章的案例中，主要生成对称构图照片。在AI摄影中，使用关键词symmetrical composition（对称构图）可以创造出一种冷静、稳重、平衡和具有美学价值的对称视觉效果，并强化观者对画面主体的印象和关注度。下面向大家介绍其他几种不同的构图方式。

❶ 前景构图（foreground）是指通过前景元素来强化画面主体的视觉效果，以产生一种具有视觉冲击力和艺术感的画面效果。在AI摄影中，使用关键词foreground可以丰富画面色彩和层次感，并能够增加照片的丰富度，让画面变得更为生动、有趣。在某些情况下，foreground还可以用来引导视线，使画面更好地吸引观众目光。

❷ 景深构图（depth of field）是指将前景、主体和背景的清晰度和模糊度区分开来，强化其中一个或多个部分的焦点，以产生一种具有艺术感和立体感的画面效果。在AI摄影中，使用关键词depth of field可以创造出不同的视觉效果，如浅景深（shallow depth of field）可以单独突出主体元素，深景深（large depth of field/deep depth of field）可以让整个场景都清晰可见。

❸ 框架构图（framing）是指通过在画面中增加一个或多个边框，将主体对象锁定在其中，可以更好地表现画面的魅力，并营造出富有层次感的视觉效果。在AI摄影中，关键词framing可以结合多种边框共同使用，如树枝、山体、花草等物体自然形成的边框，或者窄小的通道、建筑物、窗户、阳台、桥洞、隧道等人工制造出来的边框。

❹ 中心构图（center the composition）是指将主体对象放置于画面的正中央，使其尽可能地处于画面的对称轴上，使主体在画面中显得非常突出和集中。在AI摄影中，使用关键词center the composition可以有效地突出主体的形象和特征，适用于生成花卉、鸟类、宠物和人像等类型的照片。

生成对称构图照片的主要方法为：在imagine指令后面输入相关的绘画关键词生成图像，然后添加对画面细节进行描述的关键词，再设置镜头类型和构图方式，最后优化照片的出图品质。

3.2 《夜景桥梁》制作流程

在AI摄影中运用构图方式能够增强画面的视觉效果，突出主题或焦点，为照片带来最佳的观赏效果。本节将介绍制作《夜景桥梁》照片效果的基本流程，帮助大家更快、更高效地掌握AI摄影绘画的操作。

3.2.1 生成照片主体

首先生成《夜景桥梁》照片的主体，以便后续添加更多的细节。下面介绍用描述画面主体的关键词生成AI摄影作品的操作方法。

STEP 01 在Midjourney中调用imagine指令，输入相应的主体描述关键词，如Night, Bridge, Take Photos, --ar 4:3（大意为：夜晚，桥梁，拍摄照片，画面比例4:3），如图3-3所示。

图3-3 输入描述画面主体的关键词

STEP 02 按Enter键确认，生成相应的图片效果，如图3-4所示。

图3-4 画面主体效果

3.2.2 添加画面细节

在生成了画面的主体效果后，接着为照片添加一些细节，使照片更加丰富。具体操作方法如下。

STEP 01 调用imagine指令输入相应的关键词，如图3-5所示，主要在3.2.1节的基础上增加了描述细节的关键词，如Starry sky, reflection, moon, hazy（大意为：星空，倒影，月亮，朦胧）。

图3-5 输入描述细节的关键词

STEP 02 按Enter键确认，生成相应的图片效果，如图3-6所示。

图3-6　添加细节后的图片效果

3.2.3　设置镜头类型

不同类型的镜头具有不同的光学特性和拍摄效果，选择合适的镜头可以满足摄影需求和创意目标，这里选择广角镜头来对画面进行优化。具体操作方法如下。

STEP 01 调用imagine指令输入相应的关键词，如图3-7所示，主要在3.2.2节的基础上增加了设置镜头类型的关键词panoramic lens（全景镜头）。

图3-7　输入相应的关键词

STEP 02 按Enter键确认，生成相应的图片效果，如图3-8所示。

图3-8 使用全景镜头的图片效果

3.2.4 设置构图方式

在AI摄影中，通过运用各种构图关键词，可以让主体对象呈现出最佳的视觉表达效果，这里我们将画面设置为对称构图。具体操作方法如下。

STEP 01 调用imagine指令输入相应的关键词，如图3-9所示，主要在3.2.3节的基础上增加了设置构图方式 的关键词Symmetrical composition（对称构图）。

图3-9 输入设置构图方式的关键词

STEP 02 按Enter键确认，生成相应的图片效果，如图3-10所示。

图3-10　对称构图的图片效果

温馨提示：用户也可以选择其他的构图方式，例如添加关键词foreground，即可将照片以前景构图的方式来生成，如图3-11所示。

图3-11　前景构图的图片效果

添加关键词depth of field，即可将照片以景深构图的方式来生成，效果如图3-12所示。

图3-12　景深构图的图片效果

添加关键词center the composition，即可将照片以中心构图的方式来生成，效果如图3-13所示。

图3-13　中心构图的图片效果

3.2.5 优化出图品质

使用关键词high resolution（高分辨率）可以为AI摄影作品带来更高的锐度、清晰度和精细度，生成更为真实的画面效果，优化Midjourney的出图品质。具体操作方法如下。

STEP 01 调用imagine指令输入相应的关键词，如图3-14所示，主要在3.2.4节的基础上增加了关键词high resolution（高分辨率）。

图3-14　输入设置高分辨率的关键词

STEP 02 按Enter键确认，生成相应的图片效果，如图3-15所示。

图3-15　设置高分辨率后的图片效果

第4章 生态摄影：制作《动物世界》

在广阔的大自然中，动物们以独特的姿态展示着它们的魅力，生态摄影可以捕捉到这些瞬间，让人们能够近距离地感受到自然界生命的奇妙。生态摄影是一种多功能的摄影形式，既可以展示自然之美，又可以引起关于环境问题的思考。本章主要介绍通过AI模型生成动物摄影作品的方法和案例，让大家感受到动物世界的精彩。

4.1 《动物世界》效果展示

生态摄影是一种摄影艺术形式，它以自然界的生物为拍摄对象，包括各类动物和植物，进行有目的的拍摄创作。这种摄影形式融合了艺术和环保使命，通过图像的力量传递出环保的紧迫性和必要性。

在制作《动物世界》照片之前，首先来欣赏本案例的图片效果，并了解本案例的学习目标、制作思路、知识讲解和要点讲堂。

4.1.1 效果欣赏

《动物世界》照片的画面效果如图4-1所示。

图4-1 《动物世界》画面效果

4.1.2 学习目标

知识目标	掌握生态摄影照片的生成方法
技能目标	（1）掌握生成动物照片的操作方法 （2）掌握设置镜头景别的操作方法 （3）掌握添加画面细节的操作方法 （4）掌握更换画面对象的操作方法
本章重点	设置镜头景别
本章难点	更换画面对象
视频时长	3分59秒

4.1.3 制作思路

本案例的制作首先要将描述画面主体的关键词输入至Midjourney中imagine指令后面生成照片，然后为其设置镜头景别，接下来为照片添加画面细节，最后将图片中的动物进行更换。图4-2所示为本案例的制作思路。

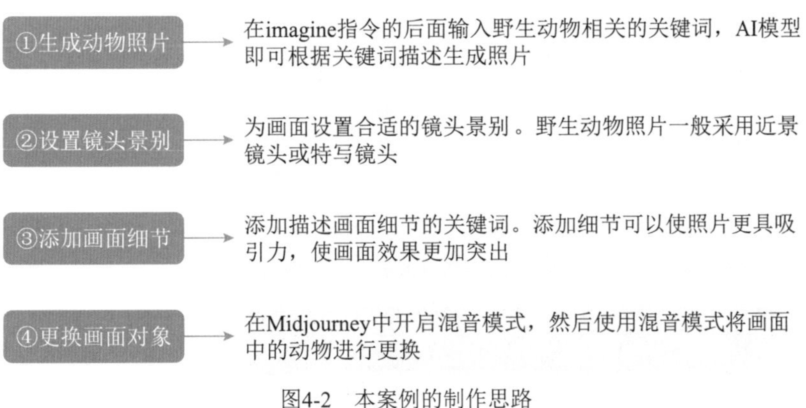

图4-2 本案例的制作思路

4.1.4 知识讲解

生态摄影可以以艺术性和纪实性的方式呈现。在进行生态摄影时，往往注重捕捉独特的创意角度和光影效果，以制作出独一无二的图像。在拍摄之前，深入了解想要拍摄的主题，包括动植物的行为、栖息地和生活习性，这样才能生成效果更好的生态摄影照片。

4.1.5 要点讲堂

在本章案例中用到了Midjourney的Remix mode（混音模式）。使用Remix mode可以更改关键词、参数、模型版本或图片的横纵比，让AI绘画变得更加灵活、多变。我们可以用更换关键词的方式来对照片中的对象进行更换。在开启Remix mode之后，单击（重做）按钮，然后在弹出的对话框中修改画面对象的关键词，即可更换对象。

生成生态摄影照片的主要方法为：在imagine指令后面输入相关的绘画关键词生成图像，然后设置镜头景别，添加画面细节，最后更换画面中的对象。

4.2 《动物世界》制作流程

生态摄影是一种通过镜头展示自然界中生物与环境的互动关系的摄影方式，我们可以使用AI模型快速生成生态摄影照片。本节将介绍制作《动物世界》照片效果的基本流程，帮助大家更快、更高效地掌握通过AI生成生态摄影照片的操作。

4.2.1 生成动物照片

动物摄影是一种摄影艺术形式，专注于拍摄和记录野生动物、宠物和其他动物的图像。下面介绍使用Midjourney生成动物照片的方法。

1. 猛兽摄影

猛兽摄影突出了野生动物之间及其与自然环境的互动关系，同时还可以使人们更好地了解自然万物的美丽与神奇。在通过AI模型生成猛兽照片时，相关关键词的要点如下。

❶ 场景：通常设置在野生动物活跃的区域，如草原、森林、沼泽等。常见的猛兽有狮子、老虎、豹、狼、熊、豺等。

❷ 方法：重点展示猛兽的生存状态，并强调其动态、姿态、神韵等特点。例如，猛兽抓住猎物、跳跃、奔跑等瞬间动作，以及伸展、睡眠等不同的姿态。

生成猛兽摄影照片的具体操作步骤如下。

STEP 01 在Midjourney中调用imagine指令，输入描写老虎照片的关键词，如A tiger is lying on a green lawn, with a jungle background and a dignified posture that is realistic and accurate --ar 16:9（大意为：一只老虎躺在绿草如茵的草坪上，背景是丛林，老虎姿势端庄，逼真准确，画面比例16:9）”，如图4-3所示。

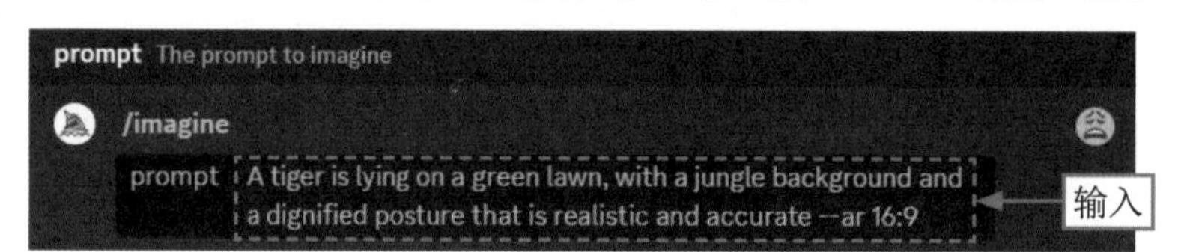

图4-3 输入描写老虎照片的关键词

STEP 02 按Enter键确认，即可生成老虎照片，效果如图4-4所示。

图4-4 老虎照片效果

STEP 03 在Midjourney中调用imagine指令，输入描写狮子照片的关键词，如A male lion stands on the plain, with shrubs and grass, in a light gold and light brown style, with a distinct and majestic personality --ar 16:9（大意为：一头雄狮站在平原上，画面中有灌木和草，浅金色和浅棕色的风格，个性鲜明而威严，画面比例16:9），如图4-5所示。

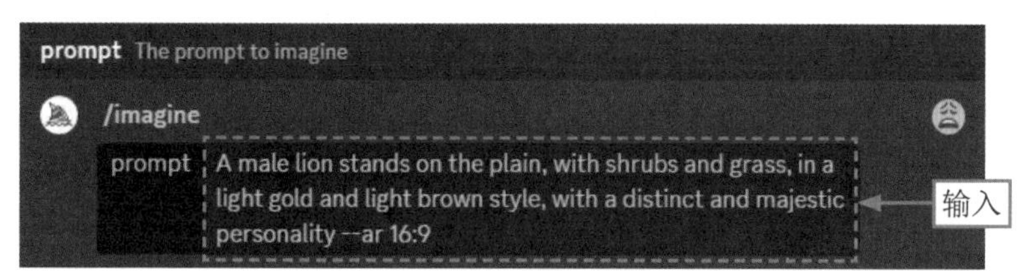

图4-5　输入描写狮子照片的关键词

STEP 04 按Enter键确认，即可生成狮子照片，效果如图4-6所示。

图4-6　狮子照片效果

> **专家指点**
>
> 狮子通常生活在大草原，因此添加了关键词with shrubs and grass（有灌木和草），能够更好地展现出狮子的生活习性。

2. 爬行动物摄影

爬行动物是一种冷血脊椎动物，包括蜥蜴、蛇、鳄鱼和龟鳖等物种，它们的身体通常被鳞片覆盖，能够适应不同的环境，有些甚至能变换肤色。爬行动物摄影的重点在于展现爬行动物的外形特点和生活习性。在通过AI模型生成爬行动物照片时，相关关键词的要点如下。

❶ 场景：可以是沙漠、草原、森林、水域等地方。常见的爬行动物包括蜥蜴、蛇、乌龟、鳄鱼等，具体的生存场景因物种而异。例如，蜥蜴通常栖息在洞穴、地下等隐蔽处或者高大的树木上。用户在写场景关键词时，要多看一些相关的摄影作品，这样才能生成更加真实的照片效果。

❷ 方法：用关键词着重描绘纹理和颜色。许多爬行动物具有独特的皮肤纹理和高饱和度的颜色，这使得它们相当吸引人。

生成爬行动物摄影照片的具体操作步骤如下。

STEP 01 在Midjourney中调用imagine指令，输入描写蜥蜴照片的关键词，如A small brown lizard perched on a branch, looking at a tree, tropical rainforest, tropical symbol, light amber and brown --ar 4:3（大意为：一只棕

色的小蜥蜴栖息在树枝上，它在看着一棵树，热带雨林，热带象征，浅琥珀色和棕色，画面比例4:3），如图4-7所示。

图4-7　输入描写蜥蜴照片的关键词

STEP 02 按Enter键确认，生成蜥蜴照片，效果如图4-8所示。

图4-8　蜥蜴照片效果

STEP 03 在Midjourney中调用imagine指令，输入描写鳄鱼照片的关键词，如Crocodile lurking in the swamp, with open mouth, sharp teeth, dynamic and exaggerated facial expressions, with distinct facial features marked in white and light orange --ar 4:3（大意为：潜伏在沼泽里的鳄鱼，张开着嘴，锋利的牙齿，动态夸张的面部表情，具有鲜明的面部特征，白色和浅橙色的风格，画面比例4:3），如图4-9所示。

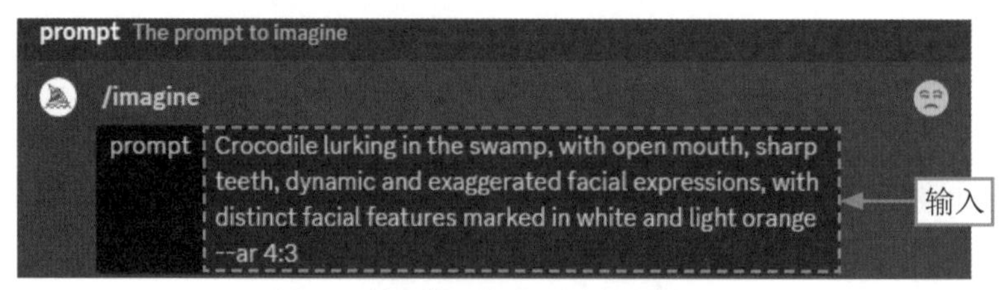

图4-9　输入描写鳄鱼照片的关键词

专家指点

鳄鱼最明显的特点就是长而尖的嘴，内侧有锋利的牙齿，因此添加了关键词dynamic and exaggerated facial expressions（动态夸张的面部表情）、with distinct facial features（具有鲜明的面部特征），着重呈现其面部的特写镜头。

STEP 04 按Enter键确认，即可生成鳄鱼照片，效果如图4-10所示。

图4-10 鳄鱼照片效果

3. 水下生物摄影

水下生物摄影是一种专注于拍摄和记录水下环境中生物的摄影艺术和科学实践。这种类型的摄影通常涉及到在海洋、河流和相关水域中拍摄各种水下生物，包括鱼类、海洋哺乳动物、无脊椎动物等。摄影师通过捕捉这些生物的独特形态和行为来传达生物多样性的信息。在通过AI模型生成水下生物照片时，相关关键词的要点如下。

❶ 场景：包括河流、湖泊、海洋等水域中。常见的水下生物有淡水鱼（鲤鱼、鲫鱼、金鱼等）、海洋哺乳动物（鲸鱼、海豹、海豚等）等。

❷ 方法：在关键词中尽量写出动物的名称，同时添加一些相机型号或提升出图品质的指令，从而获得高质量的照片效果。

生成水下生物摄影照片的具体操作步骤如下。

STEP 01 在Midjourney中调用imagine指令，输入描写海豚照片的关键词，如two dolphins jumping off in water, serene maritime themes, photo-realistic hyperbole, light brown and sky-blue, depictions of animals, vibrant, lively --ar 16:9（大意为：两只海豚在水中跳跃，宁静的海洋主题，照片逼真得夸张，浅棕色和天蓝色，描绘动物，充满活力，活泼，画面比例16:9），如图4-11所示。

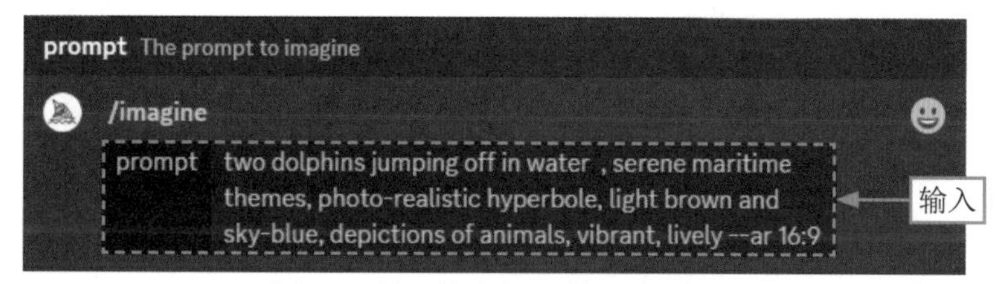

图4-11 输入描述海豚照片的关键词

专家指点

海豚喜欢在海面上跳跃，因此添加了关键词jumping off in water（在水中跳跃），能够展示出海豚灵巧的身姿。

STEP 02 ▶ 按Enter键确认，即可生成海豚照片，效果如图4-12所示。

图4-12　海豚照片效果

STEP 03 ▶ 在Midjourney中调用imagine指令，输入描写金鱼照片的关键词，如a goldfish is swimming in the tank, in the style of light pink and dark orange, bold colors and patterns, dappled, light gold and brown, nikon d850, asian-inspired --ar 16:9（大意为：一条金鱼在缸里游泳，浅粉色和深橙色的风格，大胆的配色和图案，有斑点，浅金色和棕色，尼康d850，亚洲风格，画面比例16:9），如图4-13所示。

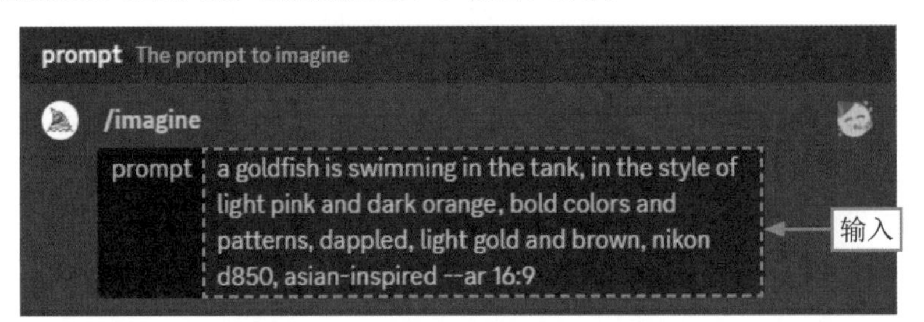

图4-13　输入描写金鱼照片的关键词

STEP 04 ▶ 按Enter键确认，即可生成金鱼照片，效果如图4-14所示。

图4-14　金鱼照片效果

专家指点

金鱼的颜色和花纹通常都比较华丽，因此添加了关键词in the style of light pink and dark orange（浅粉色和深橙色的风格）、bold colors and patterns（大胆的配色和图案）、dappled（有斑点）、light gold and brown（浅金色和棕色），增加了金鱼的美感。

4.2.2 设置镜头景别

特写（close up）是指将主体对象的某个部位或细节放大呈现于画面中，强调其重要性和细节特点。在AI摄影中，使用关键词close up shot（特写镜头）可以将观众的视线集中到主体对象的某个部位上，加强特定元素的表达效果。具体操作方法如下。

STEP 01 在imagine指令后面输入含有特写镜头的关键词，如图4-15所示。

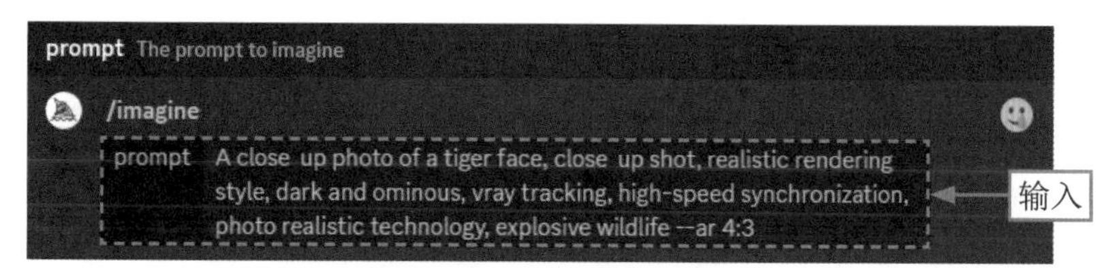

图4-15 输入含有特色镜头的关键词

STEP 02 按Enter键确认，生成老虎的特写镜头，效果如图4-16所示。

图4-16 老虎的特写镜头效果

另外，还有一种超特写（extreme close up）景别，它是指将主体对象的极小部位放大呈现于画面中。超特写镜头非常适合凸显被拍摄对象的细节，如纹理、纤维、纹身等，这些细节在超特写照片中常常具有出奇制胜的视觉吸引力。在AI摄影中，使用关键词extreme close up可以更有效地突出画面主体，增强视觉效果，同时可以更为直观地传达观众想要了解的信息。

STEP 03 ▶▶ 在imagine指令后面输入含有超特写镜头的关键词，如图4-17所示。

图4-17　输入含有超特写镜头的关键词

STEP 04 ▶▶ 按Enter键确认，生成蜜蜂的超特写镜头，效果如图4-18所示。

图4-18　蜜蜂的超特写镜头效果

4.2.3　添加画面细节

给照片添加画面细节有助于突出照片的主题，在动物照片中通过突出动物的特征，可以更好地传达照片的信息和情感。此外，画面细节还可以帮助表现动物的表情，观众更容易感受到动物的情感，从而更深入地与照片互动。细节还可以增加照片的深度和层次感，使画面更加丰富。不同的纹理和元素可以创造出视觉上的立体感，使照片更引人入胜。

光线追踪（ray tracing）是一种基于计算机图形学的渲染引擎，它可以在渲染场景时更为准确地模拟光线与物体之间的相互作用，从而创建更逼真的影像效果。该关键词主要用于实现高质量的图像渲染和光影效果，能够让AI摄影作品的场景更逼真、材质细节表现得更好，从而令画面更加自然。下面介绍具体的操作方法。

STEP 01 ▶▶ 在imagine指令后面输入含有Ray Tracing的关键词，如图4-19所示。

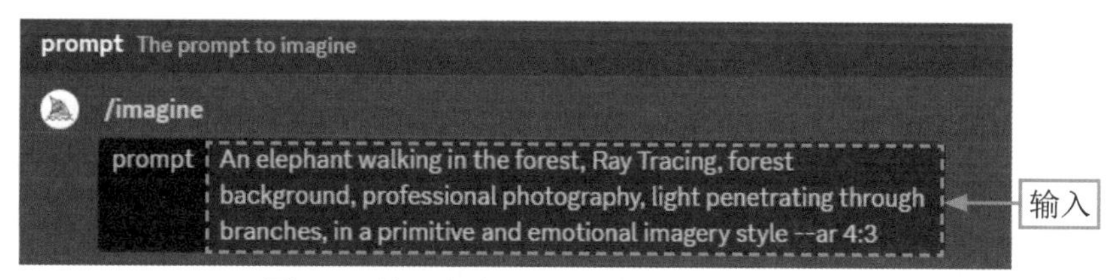

图4-19 输入含有Ray Tracimg的关键词

STEP 02 按Enter键确认，生成添加画面细节后的照片，效果如图4-20所示。

图4-20 添加画面细节后的照片效果

4.2.4 更换画面对象

在Midjourney中可以使用混音模式来对画面中的对象进行更换。下面介绍具体的操作方法。

STEP 01 在Midjourney中调用imagine指令，输入描写狐狸照片的关键词，如A fox perches in the snow, professional photography, realistic images, and natural symbolic meanings, Quixel Megascans Render --ar 4:3（大意为：一只狐狸栖息在雪地里，专业摄影，真实的画面，自然的象征意义，画面比例4:3），如图4-21所示。

图4-21 输入描写狐狸照片的关键词

STEP 02 按Enter键确认，即可生成狐狸照片，效果如图4-22所示。

图4-22　狐狸照片效果

STEP 03 在Midjourney下面的输入框中输入“/”（正斜杠符号），在弹出的列表框中选择settings指令，如图4-23所示。

STEP 04 执行操作后，即可调出Midjourney的设置面板，如图4-24所示。

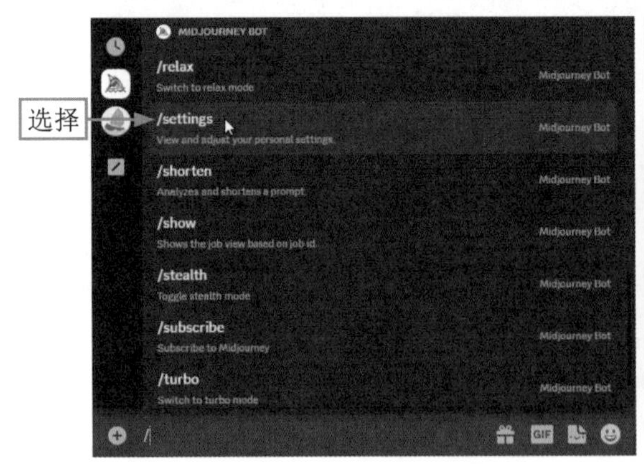

图4-23　选择settings指令

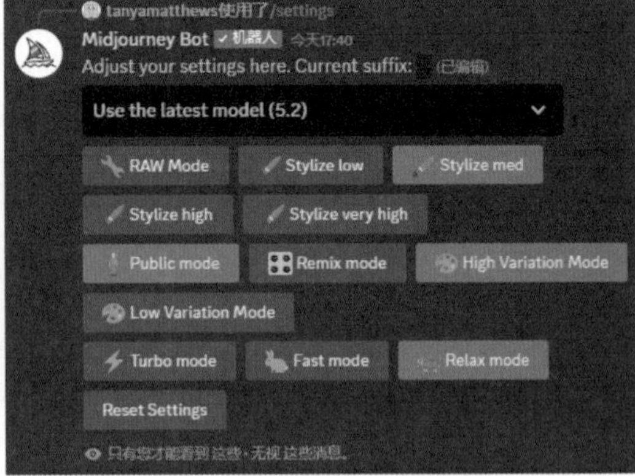

图4-24　Midjourney的设置面板

专家指点

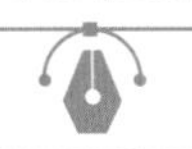

为了帮助大家更好地理解设置面板，下面将其中的内容翻译成了中文，如图4-25所示。注意，直接翻译的中文不是很准确，具体用法需要用户多练习才能掌握。

STEP 05 在设置面板中，单击Remix mode按钮，如图4-26所示，即可开启混音模式（按钮显示为绿色）。

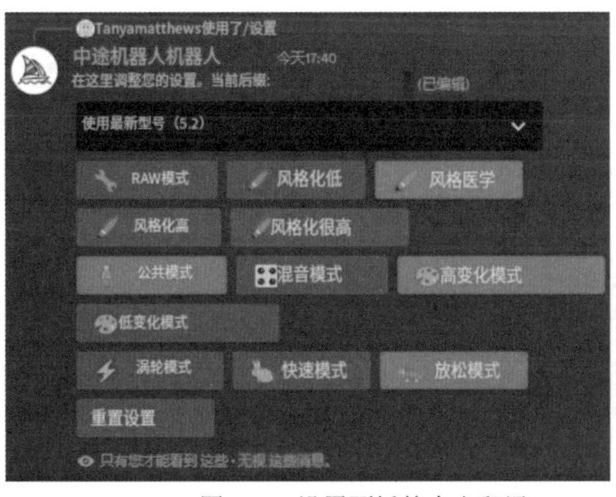

图4-25 设置面板的中文翻译

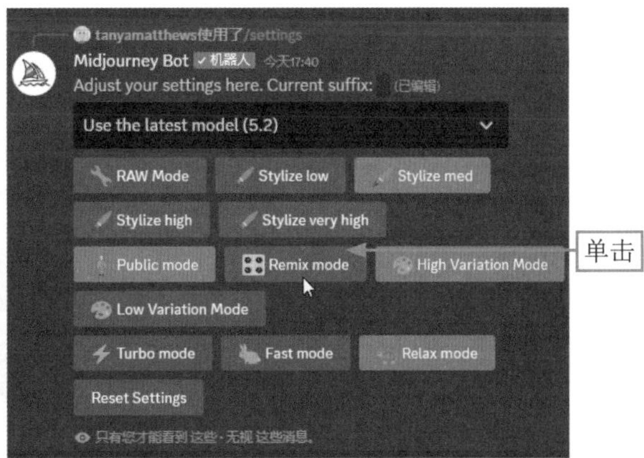

图4-26 单击Remix mode按钮

STEP 06 ▶▶ 执行操作后，在刚才生成的图片下方单击按钮，如图4-27所示。

STEP 07 ▶▶ 弹出Create images with Midjourney（使用Midjourney创建图像）对话框，如图4-28所示。

图4-27 单击按钮

图4-28 Greate images with Midjourney对话框

STEP 08 ▶▶ 修改其中的关键词，例如将fox（狐狸）改为wolf（狼），如图4-29所示。

STEP 09 ▶▶ 执行操作后，单击“提交”按钮，如图4-30所示。

图4-29 修改关键词

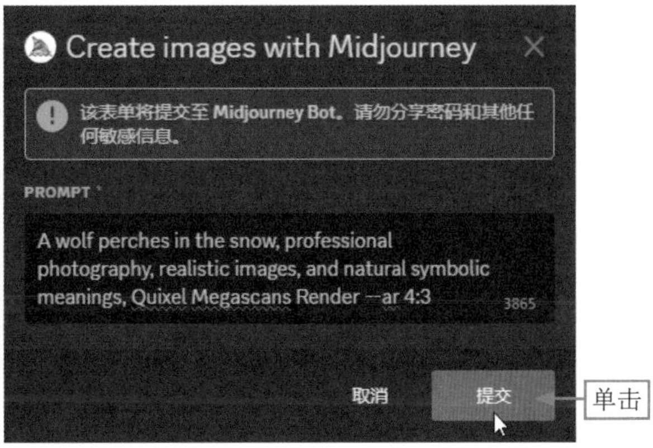

图4-30 单击“提交”按钮

STEP 10 ▶▶ 执行操作后，即可将画面中的对象进行更换，效果如图4-31所示。

图4-31　更换画面中的对象后的效果

第5章 角色原画：制作《滑板高手》

AI将艺术创作与技术创新相结合，既需要创作者的审美指导和艺术指导，也需要AI技术的支持和优化。AI生成的角色原画可以作为创作者的灵感来源，帮助他们突破设计瓶颈，探索新颖的创意方向。创作者可以根据自己的需求和喜好，调整模型的参数，从而影响生成的角色原画的特点和外貌。

5.1 《滑板高手》效果展示

角色原画是指在游戏、动画、漫画等媒体中，用于设计和表现角色形象的初步概念性绘画或插图。角色原画在游戏开发、动画制作和漫画创作中都起着关键作用，良好的角色原画形象有助于确保角色在视觉上引人注目并与故事情节相契合。

在制作《滑板高手》角色原画之前，首先来欣赏本案例的图片效果，并了解本案例的学习目标、制作思路、知识讲解和要点讲堂。

5.1.1 效果欣赏

《滑板高手》角色原画的画面效果如图5-1所示。

图5-1 《滑板高手》画面效果

5.1.2 学习目标

知识目标	掌握角色原画的生成方法
技能目标	（1）掌握用ChatGPT生成绘画关键词的方法 （2）掌握用Midjourney生成角色原画的方法 （3）掌握用V按钮重新生成角色原画的方法 （4）掌握用Vary Region功能修改角色元素的方法
本章重点	重新生成角色原画
本章难点	修改角色元素
视频时长	4分24秒

5.1.3 制作思路

本案例的制作首先要在ChatGPT中生成《滑板高手》角色原画关键词，然后将关键词输入在Midjourney中imagine指令后面生成角色原画，接下来使用V按钮重新生成原画，最后使用局部重绘功能修改角色原画元素。图5-2所示为本案例的制作思路。

图5-2 本案例的制作思路

5.1.4 知识讲解

生成角色原画时需要注意许多方面，首先要了解受众群体和设计目标。确保理解角色在故事或游戏中的作用和故事背景，以便设计符合情境的角色。每个角色都应该有独特的性格和背景故事，角色的外貌、服装和表情应该与他们的性格和背景一致。考虑角色的不同情感和动作需求，角色可能需要在不同情境下表现不同的姿势和表情，以适应故事情节的发展。

5.1.5 要点讲堂

在本案例中用到了Midjourney的Vary Region（局部重绘）功能。使用Vary Region功能可以在生成的图像中，在不改变原图的情况下对选定的区域进行重新绘制。Vary Region功能的具体内容如下。

（1）框选工具：使用该工具可以在图像中对需要重绘的区域进行矩形状的框选。

（2）套索工具：使用该工具可以在图像中对需要重绘的区域进行自由选取。

（3）返回上一步：单击该按钮可以对选择重绘的区域进行撤回，返回上一步操作。

（4）输入框：选择重绘区域后，在输入框中输入相应的关键词，随后Midjourney将会根据输入框中的关键词来对选择的区域进行重绘。需要注意的是，在使用Vary Region功能之前，首先要开启Remix mode，这样才能将输入框显示出来。

生成角色原画的主要方法为：在ChatGPT中生成所需要的绘画关键词，然后在Midjourney中调用imagine指令生成角色原画，接下来使用V按钮重新生成角色原画，最后使用Vary Region功能改变原画中的元素。

5.2 《滑板高手》制作流程

角色原画能够明确角色的外观和风格，以确保故事或游戏的一致性和吸引力。使用AI绘画工具可以快速生成角色原画，从而降低设计人员的工作难度。本节将介绍使用AI绘画工具生成角色原画的详细步骤。

5.2.1 生成关键词

扫码看视频

当用户没有任何绘画灵感时，可以使用ChatGPT获得绘制角色原画的AI指令。下面将介绍使用ChatGPT获得AI绘制角色原画指令的操作方法。

STEP 01 输入提示，确定框架：在ChatGPT中输入提示词，如“你是一位AI绘画师，请根据‘滑板高手’来提供一些生成角色原画的关键词建议”，单击“发送”按钮，如图5-3所示。

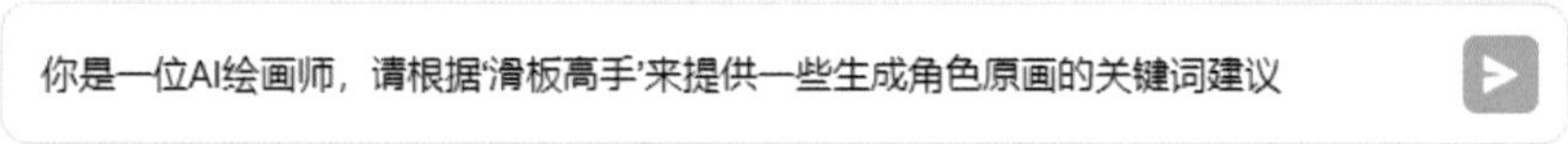

你是一位AI绘画师，请根据'滑板高手'来提供一些生成角色原画的关键词建议

图5-3 单击“发送”按钮

STEP 02 提供要求，获得建议：稍等片刻，ChatGPT会给出关键词建议，如图5-4所示。

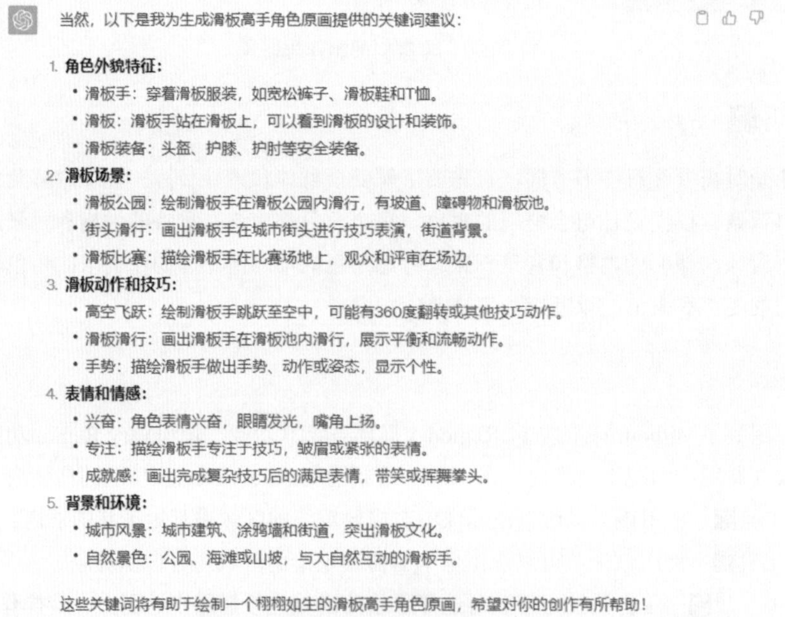

当然，以下是我为生成滑板高手角色原画提供的关键词建议：

1. **角色外貌特征：**
   - 滑板手：穿着滑板服装，如宽松裤子、滑板鞋和T恤。
   - 滑板：滑板手站在滑板上，可以看到滑板的设计和装饰。
   - 滑板装备：头盔、护膝、护肘等安全装备。
2. **滑板场景：**
   - 滑板公园：绘制滑板手在滑板公园内滑行，有坡道、障碍物和滑板池。
   - 街头滑行：画出滑板手在城市街头进行技巧表演，街道背景。
   - 滑板比赛：描绘滑板手在比赛场地上，观众和评审在场边。
3. **滑板动作和技巧：**
   - 高空飞跃：绘制滑板手跳跃至空中，可能有360度翻转或其他技巧动作。
   - 滑板滑行：画出滑板手在滑板池内滑行，展示平衡和流畅动作。
   - 手势：描绘滑板手做出手势、动作或姿态，显示个性。
4. **表情和情感：**
   - 兴奋：角色表情兴奋，眼睛发光，嘴角上扬。
   - 专注：描绘滑板手专注于技巧，皱眉或紧张的表情。
   - 成就感：画出完成复杂技巧后的满足表情，带笑或挥舞拳头。
5. **背景和环境：**
   - 城市风景：城市建筑、涂鸦墙和街道，突出滑板文化。
   - 自然景色：公园、海滩或山坡，与大自然互动的滑板手。

这些关键词将有助于绘制一个栩栩如生的滑板高手角色原画，希望对你的创作有所帮助！

图5-4 ChatGPT给出AI绘画关键词建议

STEP 03 整合建议，优化提示：让ChatGPT给出具体的AI绘画关键词示例，如在同一个ChatGPT的输入框中输入“请整合上述建议，提供一个角色原画的AI绘画关键词示例，字数在50字以内”，ChatGPT给出的AI绘画指令示例如图5-5所示。

RI 请整合上述建议，提供一个角色原画的AI绘画关键词示例，字数在50字以内

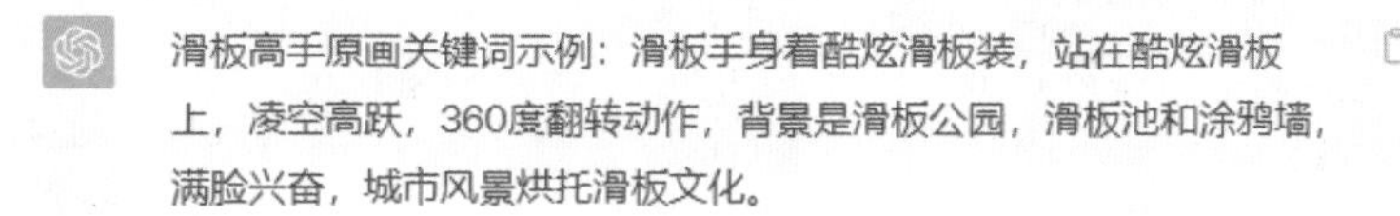

图5-5　ChatGPT给出的AI绘画关键词示例

STEP 04 转换语言，进行翻译：让ChatGPT为我们提供翻译帮助，如在其输入框中继续输入“请将这段AI绘画关键词翻译为英文”，ChatGPT给出的回复如图5-6所示。

RI 请将这段AI绘画关键词翻译为英文

Certainly! Here's the translation of the AI painting keywords into English:

Skateboard Pro Original Artwork Keywords Example: The skateboarder is dressed in a stylish skateboard outfit, standing on a cool skateboard, soaring high in the air, performing a 360-degree flip trick, with a background of a skatepark, skateboard pool, and graffiti walls, a face full of excitement, with the urban scenery enhancing the skateboard culture.

图5-6　ChatGPT提供翻译帮助

5.2.2 生成角色原画

当获得了有效的AI绘画指令后，用户便可以将ChatGPT生成的英文绘画指令复制、粘贴至Midjourney中，生成角色原画。下面将介绍运用Midjourney绘制角色原画的操作方法。

STEP 01 在Midjourney中调用imagine指令，输入ChatGPT提供的角色原画AI绘画关键词，并添加--ar 4:3指令，如图5-7所示，提出绘制图片的要求。

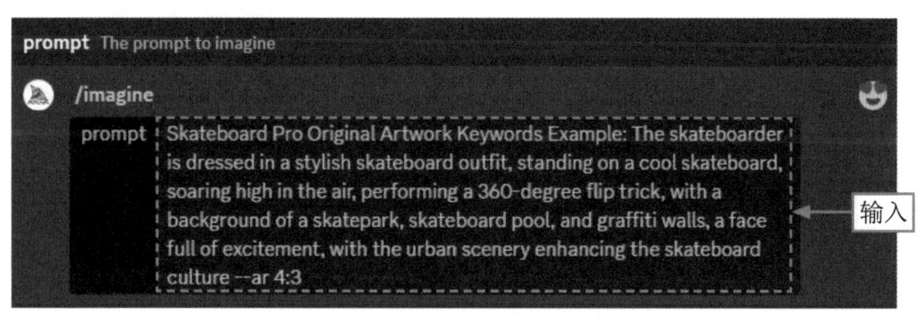

图5-7　输入AI绘画关键词

STEP 02 按Enter键确认，即可生成角色原画，效果如图5-8所示。

图5-8　角色原画效果

5.2.3　重新生成原画

在生成的4张原画中选择其中合适的一张，如果用户对生成的原画效果不够满意，可以单击V按钮重新生成。下面介绍具体的操作方法。

STEP 01 在生成的图片下方单击V按钮，例如这里选择第2张图片，单击V2按钮，如图5-9所示。

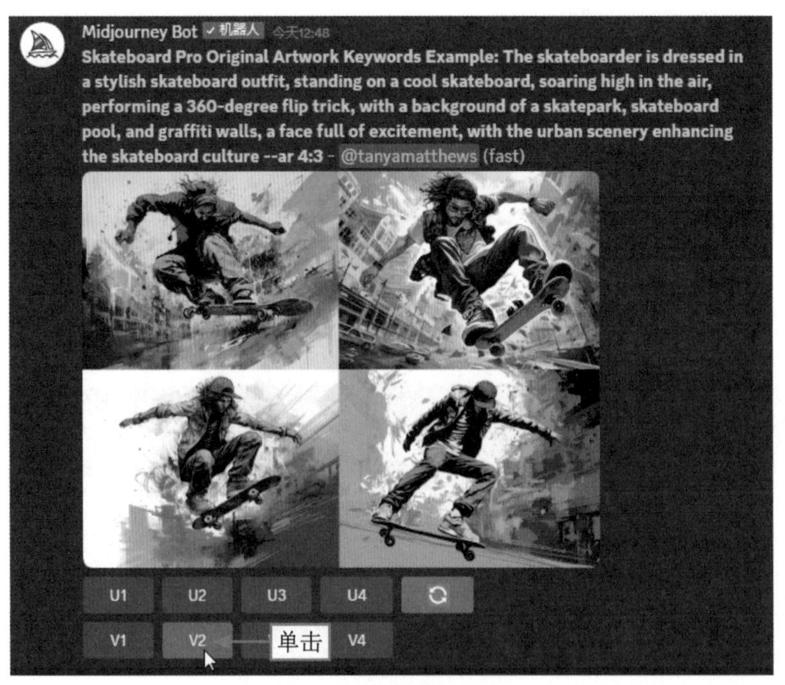

图5-9　单击V2按钮

STEP 02 ▶▶ 弹出Remix Prompt对话框，如图5-10所示，用户可以对关键词进行适当的修改。

STEP 03 ▶▶ 修改完成后，单击“提交”按钮，如图5-11所示。

图5-10　弹出Remix Prompt对话框

图5-11　单击“提交”按钮

STEP 04 ▶▶ 执行操作后，即可以第2张图片为基础重新生成角色原画，效果如图5-12所示。

图5-12　重新生成角色原画效果

STEP 05 ▶▶ 执行操作后，单击U4按钮，如图5-13所示。

图5-13　单击U4按钮

STEP 06 ▶>> 执行操作后，Midjourney将在第4张图片的基础上进行更加精细的刻画，并放大图片，效果如图5-14所示。

图5-14　图片放大效果

5.2.4　修改角色元素

在Midjourney中使用Vary Region功能可以对图像中选择的区域进行重绘，该功能通常用来重绘角色的手部或修改图像中的元素。具体操作方法如下。

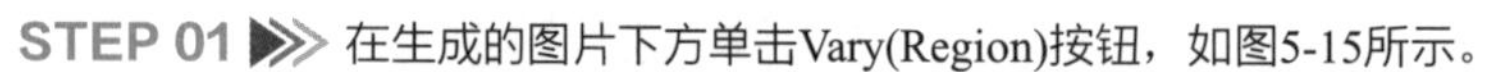

STEP 01 ▶>> 在生成的图片下方单击Vary(Region)按钮，如图5-15所示。

图5-15　单击Vary(Region)按钮

STEP 02 ▶▶ 执行操作后，弹出编辑对话框，选择框选工具，框选人物手部，如图5-16所示。

图5-16 框选人物手部

STEP 03 ▶▶ 在输入框内输入关键词Clench one's fist（握紧拳头），然后单击按钮，即可重绘人物的手部，重新生成图片，如图5-17所示。

图5-17 重绘手部后的效果

STEP 04 ▶▶ 除此之外，Vary Region功能还可以用来修改画面中的元素。例如，使用套索工具选取角色的头部，然后在输入框内输入关键词hat（帽子），如图5-18所示。

图5-18 选取角色的头部并输入关键词

STEP 05 执行操作后，单击按钮，即可修改画面元素，给角色添加一个帽子，效果如图5-19所示。

图5-19　给角色添加帽子后的效果

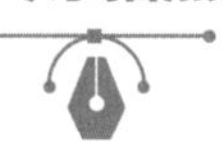

专家指点

Vary Region 功能在选取区域达到 20% ～ 50% 时效果最好。在有些情况下，生成的结果与关键词所描述的不一致，需要重复修改关键词以达到预期的效果。

STEP 06 用同样的方法，使用套索工具选取角色的裤子，然后在输入框内输入关键词Black pants（黑色裤子），如图5-20所示。

图5-20　选取角色的裤子并输入关键词

STEP 07 ⋙ 执行操作后，单击按钮，即可修改画面元素，给角色换一条裤子，效果如图5-21所示。

图5-21　替换角色裤子后的效果

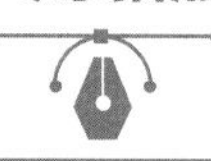

专家指点

需要注意的是，在输入框内输入的关键词只影响所选区域，并不会改变原图其他部分。

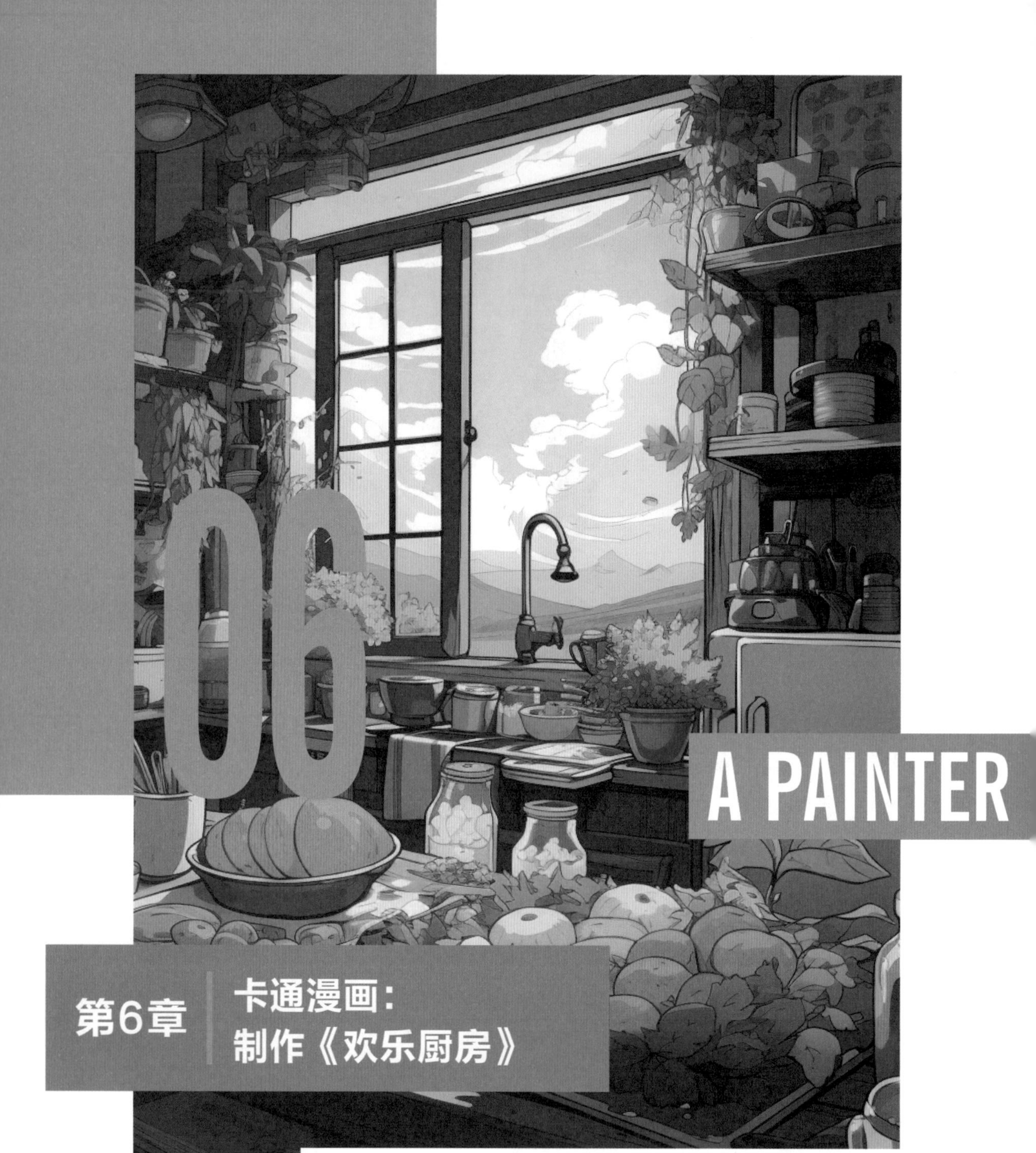

06

A PAINTER

第6章 卡通漫画：制作《欢乐厨房》

AI模型能够被专门训练用于生成卡通风格的图像，它们可以根据输入的图像或者文本描述来生成卡通漫画。相比手工绘制，它可以在短时间内生成大量图像。与手工绘制卡通漫画不同，使用AI生成卡通漫画不需要具备专业的绘画技能，从而减少了所需的人工资源，让更多人能够参与到卡通制作中。

6.1 《欢乐厨房》效果展示

漫画是一种极具创造力和表现力的艺术形式，它可以通过图像和文字来传达故事、思想和情感，引起读者的共鸣，同时它也提供了一种娱乐和沉浸式的阅读体验。漫画可以采用多种不同的风格和形式，适用于各种不同类型的内容，包括从简单的黑白漫画到彩色漫画、写实主义漫画、卡通风格漫画等。

在制作《欢乐厨房》卡通漫画之前，首先来欣赏本案例的图片效果，并了解本案例的学习目标、制作思路、知识讲解和要点讲堂。

6.1.1 效果欣赏

《欢乐厨房》卡通漫画的画面效果如图6-1所示。

图6-1 《欢乐厨房》画面效果

6.1.2 学习目标

知识目标	掌握卡通漫画的生成方法
技能目标	（1）掌握用ChatGPT生成绘画关键词的方法 （2）掌握用niji · journey生成卡通漫画的方法 （3）掌握用不同风格生成卡通漫画的方法 （4）掌握保存图片的方法
本章重点	掌握niji · journey的使用方法
本章难点	使用不同风格生成漫画
视频时长	4分23秒

6.1.3 制作思路

本案例的制作首先要在ChatGPT中生成《欢乐厨房》卡通漫画关键词，然后将关键词输入在niji · journey中imagine指令后面生成漫画，接下来用不同的风格生成卡通漫画，最后将这些漫画进行保存。图6-2所示为本案例的制作思路。

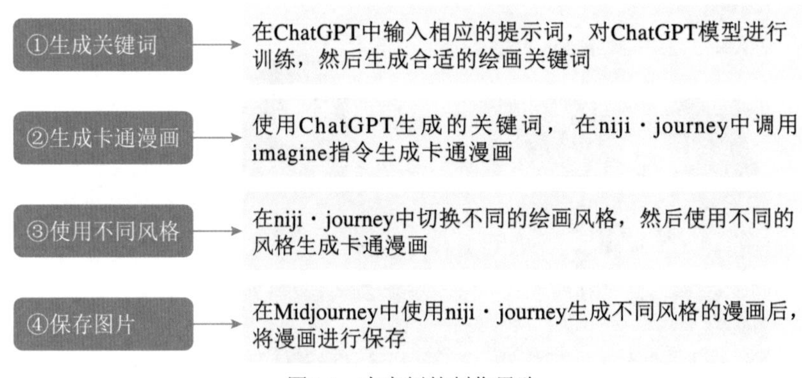

图6-2 本案例的制作思路

6.1.4 知识讲解

卡通漫画通常使用明亮、鲜艳的色彩，这有助于吸引读者的注意力，并且要选择合适的色彩使其更贴合漫画的主题。还要给角色赋予鲜明的个性，使他们在外貌、行为和表情方面都能独具特色，这有助于增加漫画的趣味性。

6.1.5 要点讲堂

在本案例中用到了Midjourney中的插件niji · journey。niji · journey是Midjourney官方推出的二次元绘画生成模型，相较于Midjourney，niji · journey具有更强的二次元风格生成能力。niji · journey中不同绘制风格的介绍如下。

❶ original style（原默认风格）：original style 是niji · journey早期版本的默认风格，可以生成漫画风格的画面，适用于更早以前的默认版本。

❷ default style（新默认风格）：default style是niji · journey最新发布的默认风格，与original style相比，default style在画面细节和个别风格类型的绘制效果上有显著提升。

❸ expressive style（表现风格）：expressive style融入了3D渲染的绘画原理，与默认风格相比，它

更偏向于西方美术风格，层次感更强，整体色相饱和度更高，在光感、质感、色感、体积感上都有着不俗的表现，适合用于3D建模和生成美式风格漫画。

❹ cute style（可爱风格）：cute style在图像表现上更具魅力和治愈性，可以生成更加可爱的漫画效果图，这种风格适用于生成绘本、贴纸、插画以及小清新风格的漫画。另外，cute style弱化了构图中光线的影响，通常以平面着色的方式生成画面。

❺ scenic style（场景风格）：scenic style擅长通过氛围来烘托主体角色，并且能够模拟更为逼真的光线与阴影，提升整体画面的质感，使观众有身临其境之感。scenic style比较适合用于叙事风格图像的生成，例如拉长电影镜头的长宽比，以此提升画面的观感。

生成卡通漫画的主要方法为：在ChatGPT中生成所需要的绘画关键词，然后在niji・journey中调用imagine指令生成卡通漫画，接下来使用不同风格生成卡通漫画，最后将这些漫画进行保存。

6.2 《欢乐厨房》制作流程

卡通漫画是一种具有强烈表现力和包含幽默元素的绘画作品，通常用于娱乐、放松和情感表达，吸引各种类型的读者。漫画风格在动画片、漫画书、广告和媒体中广泛应用。本节将介绍使用AI生成卡通漫画的详细步骤。

6.2.1 生成关键词

扫码看视频

在生成漫画之前，首先在ChatGPT中生成所需要的绘画关键词。具体操作方法如下。

STEP 01 提供信息，分析特点：在ChatGPT中输入提示词，如“一个小清新风格的卡通漫画，漫画的主题为《欢乐厨房》，请你根据这篇漫画，分析出它的特点”，按Enter键确认，ChatGPT就会总结出漫画的特点，如图6-3所示。

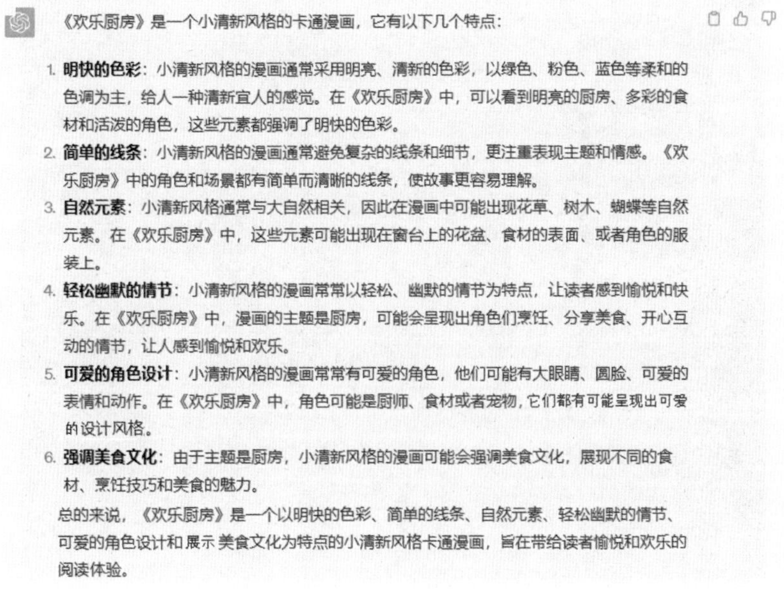

《欢乐厨房》是一个小清新风格的卡通漫画，它有以下几个特点：

1. **明快的色彩**：小清新风格的漫画通常采用明亮、清新的色彩，以绿色、粉色、蓝色等柔和的色调为主，给人一种清新宜人的感觉。在《欢乐厨房》中，可以看到明亮的厨房、多彩的食材和活泼的角色，这些元素都强调了明快的色彩。
2. **简单的线条**：小清新风格的漫画通常避免复杂的线条和细节，更注重表现主题和情感。《欢乐厨房》中的角色和场景都有简单而清晰的线条，使故事更容易理解。
3. **自然元素**：小清新风格通常与大自然相关，因此在漫画中可能出现花草、树木、蝴蝶等自然元素。在《欢乐厨房》中，这些元素可能出现在窗台上的花盆、食材的表面、或者角色的服装上。
4. **轻松幽默的情节**：小清新风格的漫画常常以轻松、幽默的情节为特点，让读者感到愉悦和快乐。在《欢乐厨房》中，漫画的主题是厨房，可能会呈现出角色们烹饪、分享美食、开心互动的情节，让人感到愉悦和欢乐。
5. **可爱的角色设计**：小清新风格的漫画常常有可爱的角色，他们可能有大眼睛、圆脸、可爱的表情和动作。在《欢乐厨房》中，角色可能是厨师、食材或者宠物，它们都有可能呈现出可爱的设计风格。
6. **强调美食文化**：由于主题是厨房，小清新风格的漫画可能会强调美食文化，展现不同的食材、烹饪技巧和美食的魅力。

总的来说，《欢乐厨房》是一个以明快的色彩、简单的线条、自然元素、轻松幽默的情节、可爱的角色设计和展示美食文化为特点的小清新风格卡通漫画，旨在带给读者愉悦和欢乐的阅读体验。

图6-3 ChatGPT总结出的漫画的特点

STEP 02 ▶▶ 确定特点，生成指令：在同一个输入框中继续输入提示词，如“请根据上述漫画的特点，提供一段AI绘画关键词示例，字数在50字左右”，按Enter键确认，ChatGPT就会生成卡通漫画的AI绘画关键词示例，如图6-4所示。

小清新风格漫画的关键词示例：
明亮色彩、简洁线条、自然元素、笑脸角色、花盆、烹饪乐趣、欢乐氛围、甜点分享、美食探索、友情互动、温馨厨房、轻松幽默、可爱角色。

图6-4　ChatGPT给出的AI绘画关键词示例

STEP 03 ▶▶ 转换语言，进行翻译：让ChatGPT为我们提供翻译帮助，如在其输入框中继续输入“请将这段AI绘画关键词翻译为英文”，ChatGPT给出回复，如图6-5所示。

Keywords for the AI drawing based on the characteristics of the aforementioned comic:

Bright colors, simple lines, natural elements, smiling characters, flowerpots, culinary delight, joyful atmosphere, dessert sharing, culinary exploration, friendly interaction, cozy kitchen, light-hearted humor, adorable characters.

图6-5　ChatGPT提供翻译帮助

6.2.2　生成卡通漫画

当获得了有效的AI绘画指令后，用户便可以将ChatGPT生成的英文绘画指令复制、粘贴至Midjourney中，然后使用niji · journey生成卡通漫画。下面将介绍使用niji · journey绘制卡通漫画的操作方法。

STEP 01 ▶▶ 在Midjourney下面的输入框中输入“/”，在弹出的列表框中，单击左侧的niji · journey Bot图标，如图6-6所示。

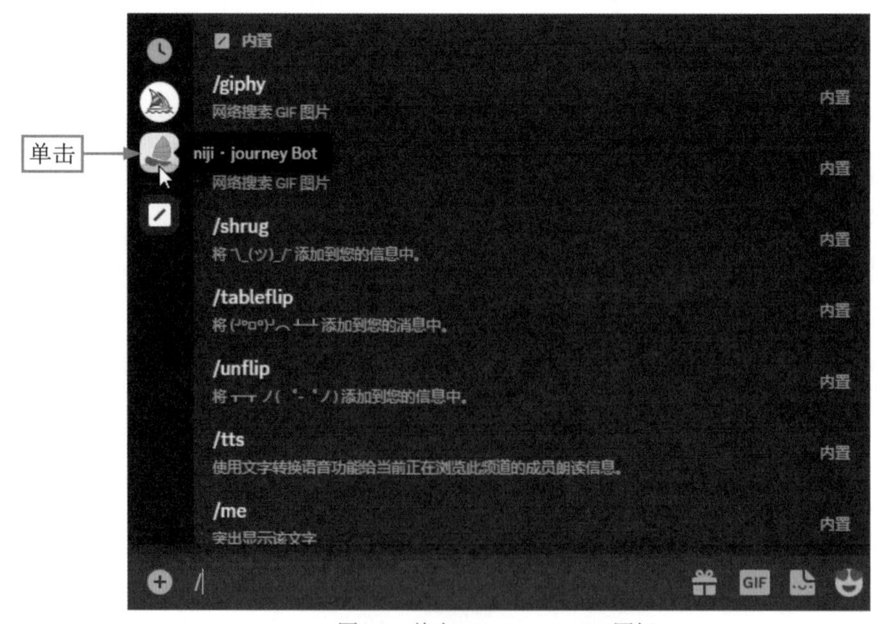

图6-6　单击niji · journey Bot图标

STEP 02 ▶▶ 执行操作后，在弹出的列表框中选择imagine指令，如图6-7所示。

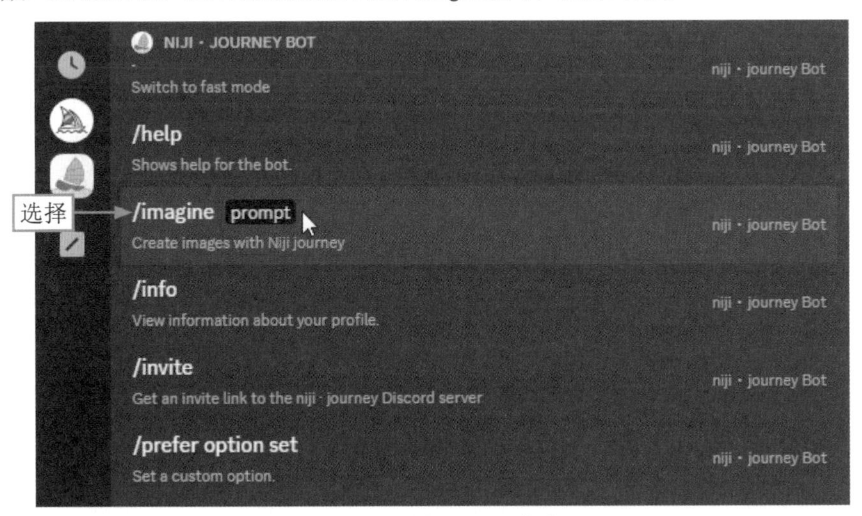

图6-7 选择imagine指令

STEP 03 ▶▶ 执行操作后，输入刚才在ChatGPT中生成的关键词，并在末尾处添加参数--ar 4:3，如图6-8所示。

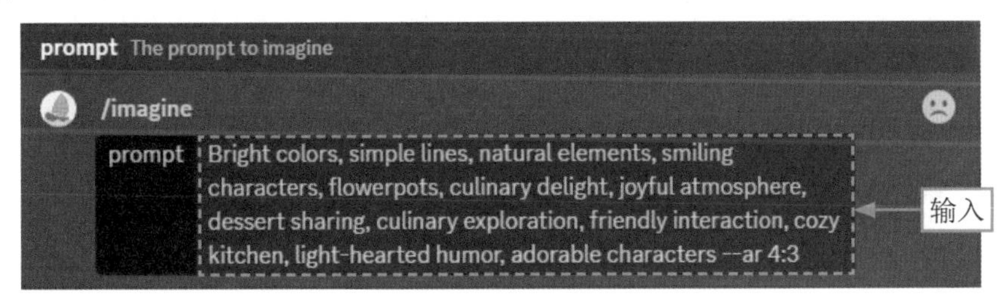

图6-8 输入相应的关键词

STEP 04 ▶▶ 按Enter键确认，即可生成漫画，效果如图6-9所示。

图6-9 生成漫画效果

STEP 05 在生成的4张图片中，选择其中合适的一张进行放大，例如这里选择第4张图片，单击U4按钮，如图6-10所示。

图6-10　单击U4按钮

STEP 06 执行操作后，niji · journey将在第4张图片的基础上进行更加精细的刻画，并放大图片，效果如图6-11所示。

图6-11　图片放大效果

6.2.3 使用不同风格

6.2.2节使用了niji・journey中的默认风格，也就是使用default style生成的卡通漫画。接下来介绍使用其他风格绘制卡通漫画，具体操作方法如下。

STEP 01 在niji・journey中调用imagine指令，输入6.2.1节中ChatGPT生成的关键词，并在关键词的末尾添加指令--style expressive，如图6-12所示。

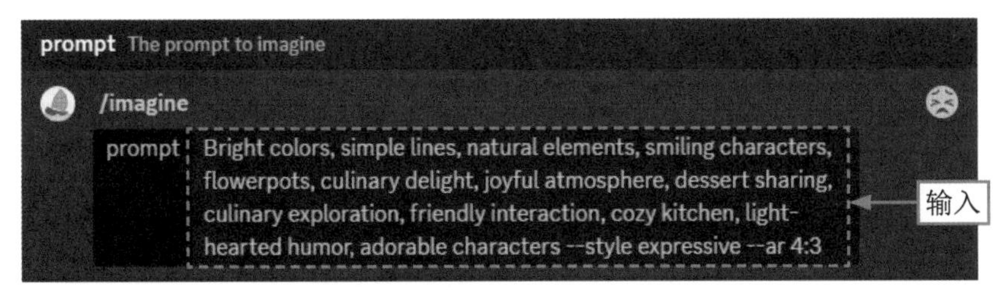

图6-12 输入设置表现风格的绘画关键词

STEP 02 按Enter键确认，即可生成表现风格的卡通漫画，效果如图6-13所示。

图6-13 表现风格的漫画效果

STEP 03 选择第3张图片进行放大，单击U3按钮，如图6-14所示。

图6-14 单击U3按钮

STEP 04 执行操作后，niji · journey将在第3张图片的基础上进行更加精细的刻画，并放大图片，效果如图6-15所示。

图6-15　图片放大效果（1）

STEP 05 继续在niji · journey中调用imagine指令输入相同的关键词，并在关键词的末尾将描述漫画风格的指令换为--style cute，如图6-16所示。

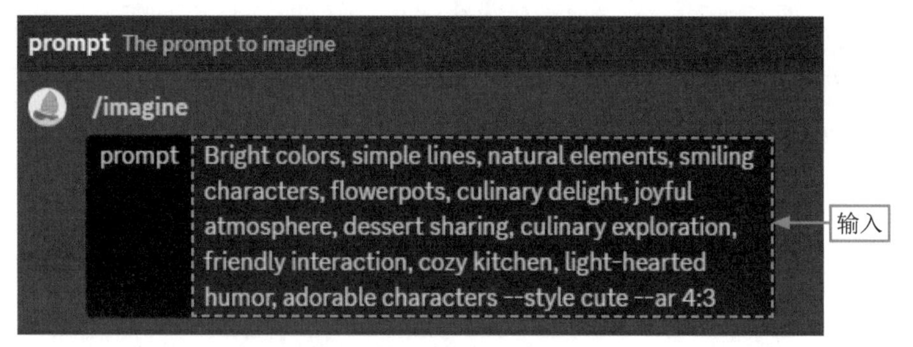

图6-16　输入设置可爱风格的绘画关键词

STEP 06 按Enter键确认，即可生成可爱风格的卡通漫画，效果如图6-17所示。

图6-17 可爱风格的漫画效果

STEP 07 选择第2张图片进行放大，单击U2按钮，如图6-18所示。

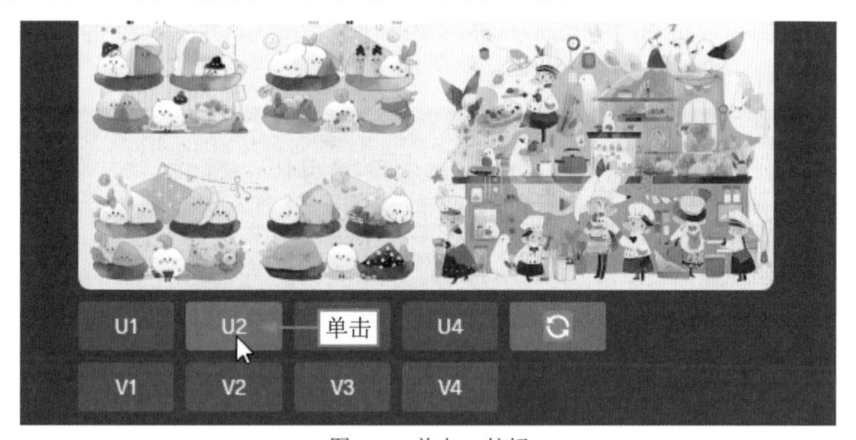

图6-18 单击U2按钮

STEP 08 ▶▶ 执行操作后，niji · journey将在第2张图片的基础上进行更加精细的刻画，并放大图片，效果如图6-19所示。

图6-19　图片放大效果（2）

STEP 09 ▶▶ 再次在niji · journey中调用imagine指令输入相同的关键词，并在关键词的末尾将描述漫画风格的指令换为--style scenic，如图6-20所示。

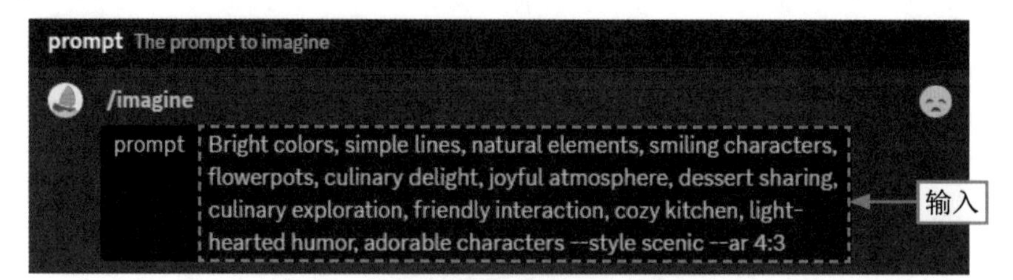

图6-20　输入设置场景风格的绘画关键词

STEP 10 ▶ 按Enter键确认，即可生成场景风格的卡通漫画，效果如图6-21所示。

图6-21　场景风格的漫画效果

STEP 11 ▶ 选择第4张图片进行放大，单击U4按钮，如图6-22所示。

图6-22　单击U4按钮

STEP 12 执行操作后，niji · journey将在第4张图片的基础上进行更加精细的刻画，并放大图片，效果如图6-23所示。

图6-23　图片放大效果（3）

除了用以上的方法切换风格，用户还可以直接打开niji · journey的设置面板，在其中选择想要的风格，如图6-24所示。

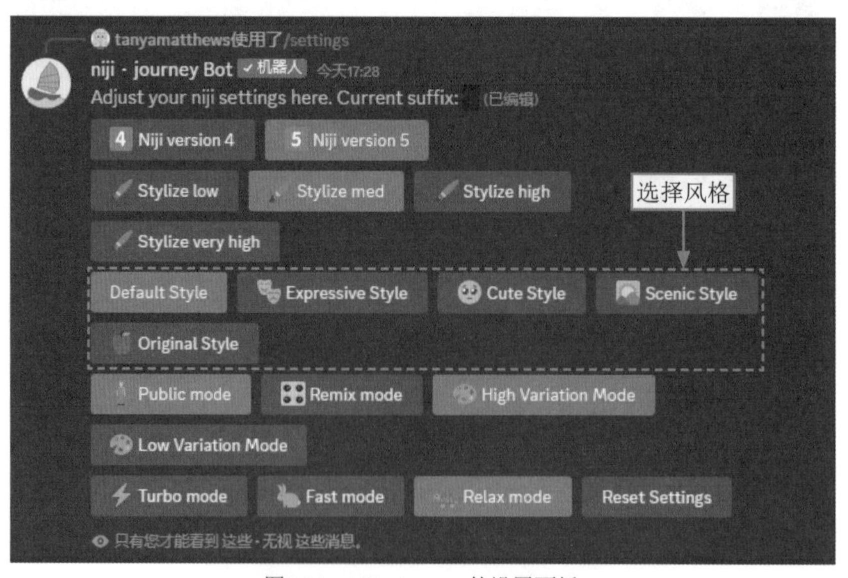

图6-24　niji · journey的设置面板

6.2.4 保存图片

在6.2.3节中掌握了生成各种不同风格漫画的方法后，再将这些漫画进行保存。具体操作方法如下。

STEP 01 单击生成的图片，进入预览状态，然后单击左下角的“在浏览器中打开”按钮，如图6-25所示。

图6-25 单击“在浏览器中打开”按钮

STEP 02 执行操作后，将在浏览器的新标签页中打开图片，在图片上单击鼠标右键，在弹出的快捷菜单中选择“图片另存为”命令，如图6-26所示。

图6-26 选择“图片另存为”命令

STEP 03 ▶▶ 执行操作后，弹出“另存为”对话框，选择合适的保存位置，然后单击“保存”按钮，即可保存图片，如图6-27所示，

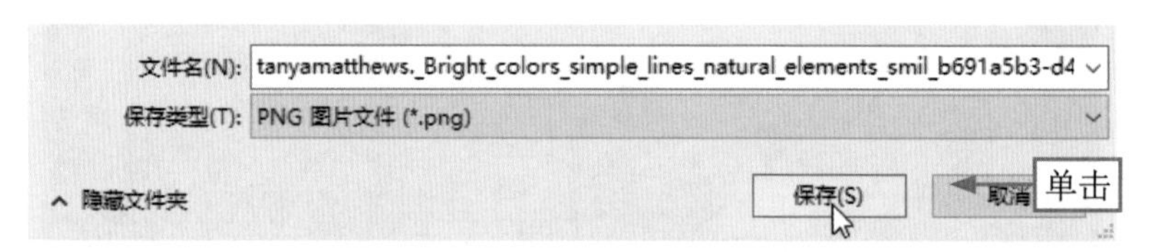

图6-27　单击“保存”按钮

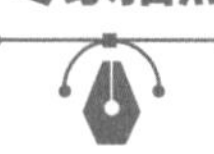

专家指点

将图片保存后，打开图片所在的文件夹，然后找到刚才保存的图片，就可以查看保存下来的图片素材了。

第7章 水墨插画：制作《密林侠客》

AI绘画可以应用于插画设计。通过AI，可以智能化生成各种类型的插画，呈现出独特的视觉效果和审美追求，从而拓宽艺术设计领域的创作维度和带来更多的可能性。本章将介绍使用AI生成水墨插画的详细步骤。

7.1 《密林侠客》效果展示

插画是指在书籍、杂志、报纸、广告、海报、网站等媒体或项目中使用的视觉艺术形式，通常用于补充文字内容或传达特定的信息、概念或故事情节。插画可以采用各种不同的艺术风格，以吸引观众的注意力，并增强文本的可读性和吸引力。插画是一种多样化的艺术形式，它能够传达各种信息和情感，以及吸引不同年龄和背景的观众。

在制作《密林侠客》水墨插画之前，首先来欣赏本案例的图片效果，并了解本案例的学习目标、制作思路、知识讲解和要点讲堂。

7.1.1 效果欣赏

《密林侠客》水墨插画的画面效果如图7-1所示。

图7-1 《密林侠客》画面效果

7.1.2 学习目标

知识目标	掌握水墨插画的生成方法
技能目标	（1）掌握用ChatGPT生成绘画关键词的方法 （2）掌握用Midjourney生成插画主体的方法 （3）掌握用niji · journey生成插画角色的方法 （4）掌握用blend命令混合生成插画的方法
本章重点	用niji · journey生成插画角色
本章难点	用blend命令混合生成插画
视频时长	3分44秒

7.1.3 制作思路

本案例的制作首先要在ChatGPT中生成水墨插画关键词，然后将关键词输入在Midjourney中imagine指令后面生成插画主体，接下来用niji · journey生成插画角色，最后使用blend（混合）命令将插画主体和插画角色进行合成。图7-2所示为本案例的制作思路。

图7-2 本案例的制作思路

7.1.4 知识讲解

水墨插画通常是单色调的，以黑色或灰色为主，但也可以使用淡淡的色彩来增加细节。水墨插画常常以自然景物、花鸟、山水、人物肖像等元素为题材，也可以用来表现抽象的思想或情感。

7.1.5 要点讲堂

在本案例中用到了Midjourney中的blend命令。用户可以使用blend指令快速上传2～5张图片，然后查看每张图片的特征，并将它们混合生成一张新的图片。

生成水墨插画的主要方法为：在ChatGPT中生成所需要的绘画关键词，然后在Midjourney中调用imagine指令生成插画主体，接下来使用niji · journey生成插画角色，最后使用blend命令进行混合生成图片。

7.2 《密林侠客》制作流程

水墨插画是一种富有文化传统的艺术形式，具有独特的韵味和深刻的内涵，通常用于绘制插图、画册、书籍、文学作品、艺术作品和卡片等。水墨插画注重意境和哲理的融合，往往富有禅宗哲学思想，追求画面的平和与深刻。本节将介绍使用AI生成水墨插画的详细步骤。

7.2.1 生成关键词

在生成插画之前，首先在ChatGPT中生成所需要的绘画关键词。具体操作方法如下。

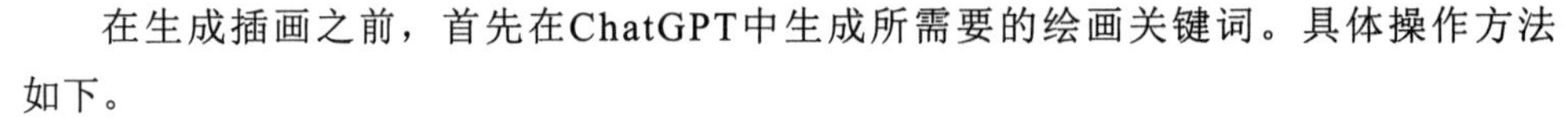

STEP 01 指定身份，提供建议：在ChatGPT中输入提示词，如“你现在是一位AI绘画师，请提供一些生成水墨插画的关键词建议”，按Enter键确认，ChatGPT就会给出生成水墨插画的关键词建议，如图7-3所示。

当然可以！以下是一些生成水墨插画的关键词建议：

1. 山水：尝试生成宁静的山水场景，如青山翠谷、流水潺潺，或者是壮阔的高山峡谷。
2. 花鸟：可以生成各种花朵绽放的场景，或是栩栩如生的小鸟栖息于枝头的情景。
3. 古镇：尝试生成古老的街道，石板路、青瓦白墙，还有传统建筑。
4. 月夜：生成一个安静的月夜场景，可以是月光洒在水面上，或是月下的林荫小道。
5. 竹林：尝试生成竹林的画面，摇曳的竹叶、静谧的氛围。
6. 池塘：生成一个倒映着树影的池塘，可以有荷花、莲叶等元素。
7. 手写：尝试生成仿佛是人工毛笔绘制的效果，增加水墨画的质感。
8. 情感：考虑为插画赋予情感，比如寂寞、喜悦、宁静等，让画面更具有感染力。
9. 四季：根据季节的变化，生成不同的水墨插画，春天可以有细腻的花朵，冬天可以有素雅的雪景。
10. 故事：构思一个小故事，通过水墨插画来讲述，让观者产生联想和想象。

记得，这些关键词只是一个开始，你可以根据生成的效果不断调整和尝试，创造出独特的水墨插画作品！

图7-3　ChatGPT给出的关键词建议

STEP 02 整合分析，生成指令：让ChatGPT给出明确的AI绘画关键词示例，如在ChatGPT中输入“请整合上述建议，提供生成一幅水墨插画的AI绘画关键词示例，要求写意、传神，字数在50字左右”，ChatGPT就会给出AI绘画关键词示例，如图7-4所示。

自然山水：此水墨画以自然山水为主题，表现了青山、流水、云雾的宁静和流动。画中的竹子为画作增色，以写意的手法捕捉大自然的灵气，传达出深邃的情感与自然的和谐。

图7-4　ChatGPT给出的AI绘画关键词示例

STEP 03 转换语言，进行翻译：让ChatGPT为我们提供翻译帮助，如在其输入框中继续输入“请将这段AI绘画关键词翻译为英文”，ChatGPT给出回复，如图7-5所示。

"Natural Landscape: This ink painting focuses on the natural landscape, depicting the tranquility and flow of green mountains, flowing water, and drifting clouds. The bamboo in the painting enhances its charm, capturing the essence of nature with a freehand style, conveying profound emotions and the harmony of nature."

图7-5 ChatGPT提供翻译帮助

7.2.2 生成插画主体

扫码看视频

将ChatGPT生成的英文AI绘画关键词复制、粘贴至Midjourney中，然后调用imagine指令生成插画主体。具体操作方法如下。

STEP 01 在Midjourney中调用imagine指令，输入ChatGPT提供的关键词，并在末尾添加--ar 4:3指令，如图7-6所示。

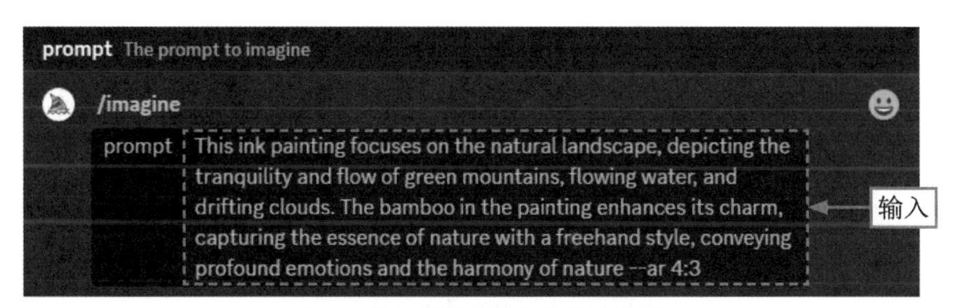

图7-6 输入描述插画主体的关键词

STEP 02 按Enter键确认，即可生成水墨插画主体，效果如图7-7所示。

图7-7 水墨插画主体效果

STEP 03 在生成的4张图片中，选择其中合适的一张进行重新生成，例如这里选择第4张图片，单击V4按钮，如图7-8所示。

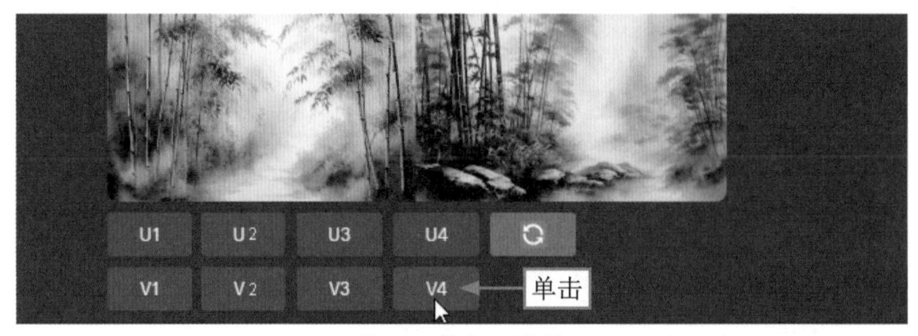

图7-8　单击V4按钮

STEP 04 执行效果后，Midjourney将以第4张图片为模板重新生成4张图片，如图7-9所示。

图7-9　重新生成图片

STEP 05 在生成的4张图片中，选择其中合适的一张进行放大，例如这里选择第2张图片，单击U2按钮，如图7-10所示。

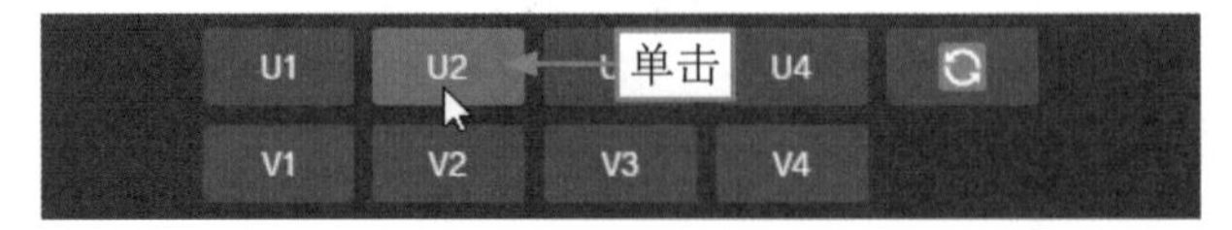

图7-10　单击U2按钮

STEP 06 执行操作后，Midjourney将在第2张图片的基础上进行更加精细的刻画，并放大图片，效果如图7-11所示。

图7-11 图片放大效果

7.2.3 生成插画角色

在生成了水墨插画主体之后，接下来使用niji・journey生成水墨插画角色。具体操作方法如下。

STEP 01 在niji・journey中调用imagine指令，输入描述插画角色的关键词，如two samurai fighting with swords in the dust, Ink painting style, in the style of dark gray and green, water and land fusion, wild brushstrokes, uhd image, i can't believe how beautiful this is -- ar 4:3（大意为：两个武士在尘埃中用剑搏斗，水墨风格，深灰色和绿色的风格，水陆融合，狂野的笔触，uhd图像，美丽的景象，画面比例4:3），如图7-12所示。

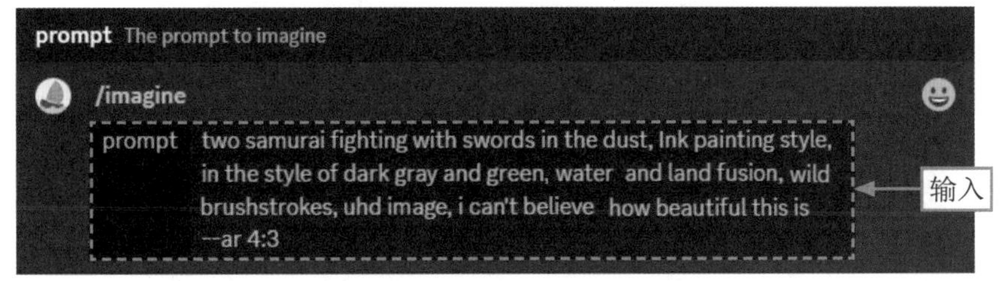

图7-12 输入描述插画角色的关键词

STEP 02 按Enter键确认，即可生成水墨插画角色，效果如图7-13所示。

STEP 03 在生成的4张图片中，选择其中合适的一张进行放大，例如这里选择第4张图片，单击U4按钮，如图7-14所示。

STEP 04 执行操作后，niji・journey将在第4张图片的基础上进行更加精细的刻画，并放大图片，效果如图7-15所示。

图7-13 水墨插画角色效果

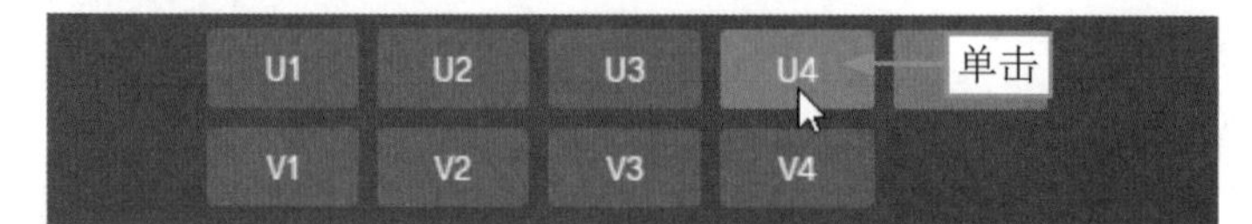

图7-14 单击U4按钮

图7-15 图片放大效果

7.2.4 进行混合生图

在得到了水墨插画的主体和角色效果后，接下来可以在Midjourney中使用blend命令将两张插画进行混合生成图片。具体操作方法如下。

STEP 01 ▶▶ 单击生成的图片，进入预览状态，然后单击左下角的“在浏览器中打开”按钮，如图7-16所示。

图7-16 单击“在浏览器中打开”按钮

STEP 02 ▶▶ 执行操作后，将在浏览器的新标签页中打开图片，在图片上单击鼠标右键，在弹出的快捷菜单中选择“图片另存为”命令，如图7-17所示。

STEP 03 ▶▶ 执行操作后，弹出“另存为”对话框，选择合适的保存位置，然后单击“保存”按钮，即可保存图片，如图7-18所示。

图7-17 选择“图片另存为”命令　　图7-18 单击“保存”按钮

STEP 04 ▶▶ 用同样的方法保存另一张插画，然后在Midjourney的输入框中输入“/”，在弹出的列表框中选择blend指令，如图7-19所示。

STEP 05 ▶▶ 执行操作后，出现两个图片框，单击左侧图片框中的“上传”按钮，如图7-20所示。

STEP 06 ▶▶ 执行操作后，弹出“打开”对话框，选择相应的图片，如图7-21所示。

STEP 07 ▶▶ 单击“打开”按钮，将图片添加到左侧的图片框中，然后用同样的方法在右侧的图片框中添加图片，如图7-22所示。

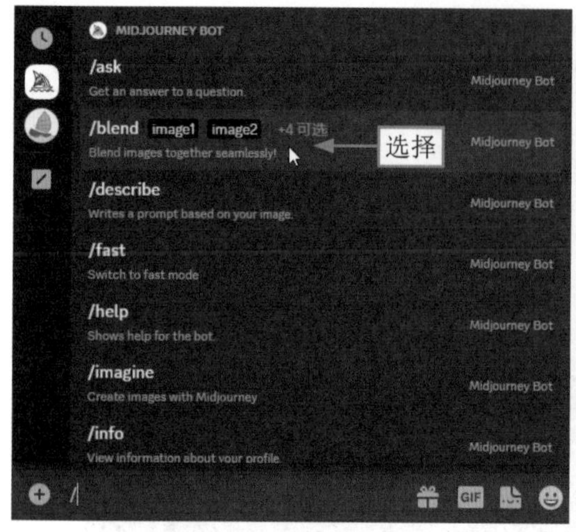

图7-19　选择blend指令

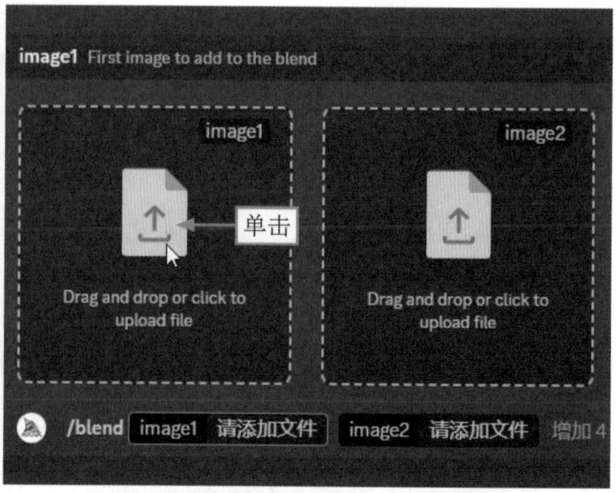

图7-20　单击“上传”按钮

图7-21　选择相应的图片

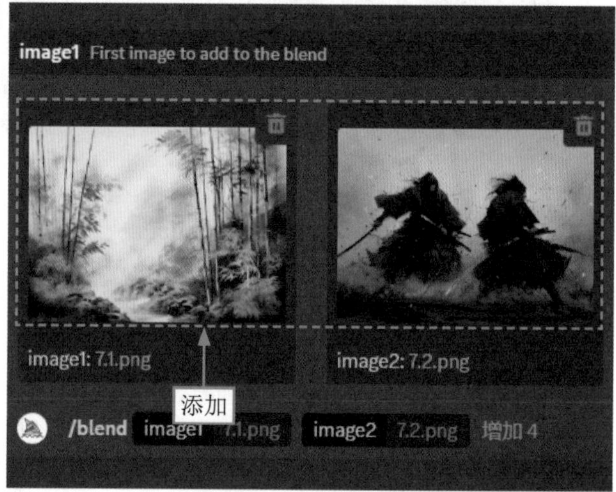

图7-22　添加两张图片

STEP 08 按Enter键，Midjourney会自动完成图片的混合操作，并生成4张新的图片，效果如图7-23所示。

图7-23　生成4张新的图片

STEP 09 单击U4按钮，放大第4张图片，效果如图7-24所示。

图7-24　图片放大效果

第8章 品牌Logo：制作《精致美妆》

一个独特、简洁又易于识别的品牌Logo，不仅可以快速吸引消费者的目光，还可以给消费者留下深刻的印象，有助于将消费者变成忠实的客户。使用AI生成Logo可以在短时间内生成大量的设计方案，迅速提供多样化的选择。本章将为大家详细介绍使用AI生成Logo的步骤以及给Logo添加不同风格的方法。

8.1 《精致美妆》效果展示

Logo（标志）是一个特定品牌、组织、产品或服务的图形化符号或标识，它是一种简洁而独特的设计，通常由特定的图形或字母构成。一个成功的Logo设计能够为品牌或组织建立强大的形象并使其更易于被识别，从而推动其在市场竞争中脱颖而出。

在制作《精致美妆》品牌Logo之前，首先来欣赏本案例的图片效果，并了解本案例的学习目标、制作思路、知识讲解和要点讲堂。

8.1.1 效果欣赏

《精致美妆》品牌Logo图片效果如图8-1所示。

图8-1 《精致美妆》图片效果

8.1.2 学习目标

知识目标	掌握品牌Logo的生成方法
技能目标	（1）掌握用ChatGPT生成绘画关键词的方法 （2）掌握用Midjourney生成Logo的方法 （3）掌握给Logo添加风格的方法 （4）掌握生成其他风格Logo的方法
本章重点	给Logo添加风格
本章难点	生成其他风格的Logo
视频时长	3分35秒

8.1.3 制作思路

本案例的制作首先要在ChatGPT中生成品牌Logo的相关关键词，然后将关键词输入至Midjourney中imagine指令后面生成Logo效果，接下来给Logo添加风格，使Logo效果更好，最后生成其他风格类型的Logo。图8-2所示为本案例的制作思路。

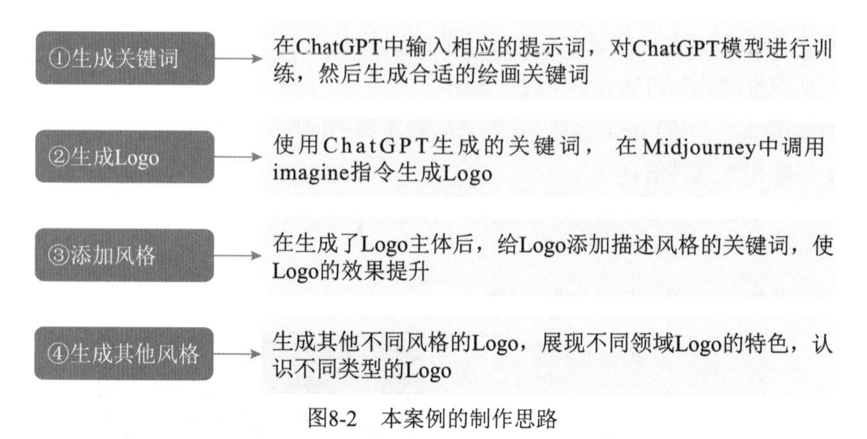

图8-2 本案例的制作思路

8.1.4 知识讲解

Logo通常情况下都应该是容易辨认和记忆的，避免复杂的设计和过多的细节，因为这可能会使Logo难以辨认。颜色在Logo设计中非常重要，因为它可以传达情感和展现品牌的个性。选择与品牌形象一致的颜色，并确保Logo在黑白和彩色情况下都有好的效果。

8.1.5 要点讲堂

在本案例中主要学习生成《精致美妆》品牌Logo的操作方法，除此之外还会向大家介绍其他几种不同类型Logo的生成方法，具体内容如下所述。

❶ 平面矢量Logo：平面矢量Logo是一种扁平化的Logo设计，以简洁、清晰、现代化的设计风格为特点。这种风格的Logo通常用来设计名片、传单或海报，尤其在需要多媒体传播和具备尺寸可变性的情况下表现较为出色。

❷ 复古型Logo：复古型Logo是一种富有怀旧氛围感的经典风格设计，复古型Logo可能包含古典图案、花纹等装饰元素，如花草、树叶等，这些元素可以带来复古和艺术氛围。为了增加复古感，这些Logo设计通常会添加质感和纹理效果，如磨砂纸、皮革、木纹等。

❸ 现代高雅型Logo：现代高雅型Logo是一种融合了现代设计风格，具有高雅感的品牌标志，通常以优雅、精致的方式呈现，通过精心选择的几何形状来表达品牌的核心价值和身份，表达出品牌高端、专业的时尚形象。

❹ 霓虹效果Logo：霓虹效果Logo是一种鲜明、夸张和充满活力的风格设计，其灵感来源于霓虹灯管的亮丽效果。这种风格的Logo常常被用于夜间场景和与娱乐产业相关的品牌，通过鲜艳的色彩和发光效果吸引消费者的目光。

❺ 品牌形象Logo：品牌形象Logo是一个品牌的核心标志，代表着该品牌的身份与个性，它是品牌形象传播的重要元素，应该具备独特性、简洁明了、可识别性和传递品牌价值的特征。品牌形象Logo可以帮助品牌在市场中建立品牌认知度，使消费者能够与品牌产生情感共鸣。

❻ 3D效果Logo：3D效果Logo是指在设计中给予标志三维视觉效果的一种风格设计，通过透视、阴

影和灯光效果，使标志看起来更加立体，具有深度感。3D效果Logo通常能够给人强烈的视觉冲击，特别适合用于招牌、广告和产品包装中。

生成品牌Logo的主要方法为：在ChatGPT中生成所需要的绘画关键词，然后在Midjourney中调用imagine指令生成Logo，最后为Logo添加风格。

8.2 《精致美妆》制作流程

Logo是品牌标识的核心，它能够有效地传达品牌的价值和特点。同时，Logo也是品牌识别的重要工具，能够对品牌的成功和发展产生重大影响。本节向大家介绍如何使用AI生成Logo以及生成Logo的技巧。

8.2.1 生成关键词

有时候我们可能难以凭自己的想象去设计Logo，此时不妨向ChatGPT进行询问，并从ChatGPT的回答中获取绘制Logo的关键词。本节所生成的《精致美妆》Logo为美妆品牌类型的Logo，所以我们可以从美妆这一类型向ChatGPT进行提问。具体操作方法如下。

扫码看视频

STEP 01 分析特点，描述信息：在ChatGPT中输入提示词，如“请用200字左右描述某个美妆类品牌的Logo”，按Enter键确认，ChatGPT会给出Logo的描述信息，如图8-3所示。

该美妆品牌的Logo以精致而独特的2D平面图案为特点。这个标志以渐变色为主，色调从淡金色逐渐过渡到珊瑚粉，展现出高雅与温暖的氛围。Logo的形状是一个流畅的圆形，象征着无限的美丽和无限的可能性。

在Logo的中心，有一个优雅的花朵图案，花瓣轻柔地绽放，仿佛在细微的变化中展现着不同的妆容可能性。花瓣的质感与细节令人惊叹，仿佛触感真实。这朵花的中心有一颗小小的钻石，熠熠生辉，代表着珍贵与卓越。

整体Logo的设计风格极具现代感，简洁而精致，突显了品牌对于美与品质的执着。渐变的色调不仅传达出柔和与温暖，还传递了多元化与包容性的信息，适用于各种不同肤色和妆容需求。这个标志是美妆品牌的象征，代表了其对于美丽、品质和多样性的承诺，令人难以忘怀。

图8-3　ChatGPT给出的描述信息

STEP 02 整合信息，提供指令：让ChatGPT给出明确的AI绘画关键词示例，如在ChatGPT中输入“请整合上述信息，提供一段美妆品牌Logo的AI绘画关键词，要求50字左右”，ChatGPT就会给出AI绘画关键词示例，如图8-4所示。

精致现代的2D平面Logo，渐变色从淡金到珊瑚粉，圆形中心花朵，柔美花瓣流转间展现多样妆容，中央钻石点缀，象征品质。温暖包容，多元承诺。

图8-4　ChatGPT给出的AI绘画关键词示例

STEP 03 转换语言，进行翻译：让ChatGPT为我们提供翻译帮助，如在其输入框中继续输入“请将这段AI绘画关键词翻译为英文”，ChatGPT给出回复，如图8-5所示。

Exquisite modern 2D flat logo with a gradient from pale gold to coral pink. A circular centerpiece flower with delicate petals showcasing diverse makeup looks, adorned with a central diamond symbolizing quality. Warm and inclusive, a pledge to diversity.

图8-5　ChatGPT提供翻译帮助

8.2.2　生成 Logo

在得到了品牌Logo的AI绘画关键词后，接下来就可以使用Midjourney来生成Logo。AI生成Logo的优点包括速度快和效率高，能够在短时间内生成多种设计选择，用户可以从生成的设计中选择一个或多个，然后对它们进行进一步的调整，如更改颜色、风格、排版等，以确保符合品牌的需求。

在生成Logo时要注意，Logo应该是简单明了的，避免过多的复杂元素，这样可以增加Logo的可识别性和可复制性。生成Logo的具体操作方法如下。

STEP 01 在Midjourney中调用imagine指令，输入ChatGPT提供的英文关键词，如图8-6所示。

图8-6　输入生成的英文关键词

STEP 02 按Enter键确认，即可生成Logo，效果如图8-7所示。

图8-7　AI生成Logo效果

STEP 03 选择其中合适的一张图片进行放大，例如这里选择第1张，单击U1按钮，如图8-8所示。

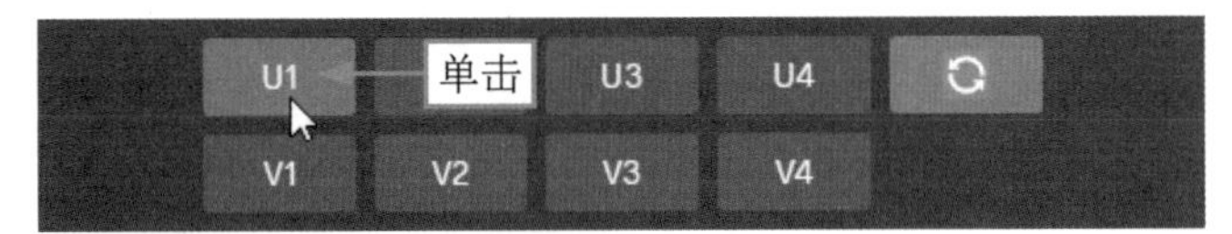

图8-8　单击U1按钮

STEP 04 执行操作后，Midjourney将放大第1张图片，效果如图8-9所示。

图8-9　图片放大效果

8.2.3　添加风格

生成Logo后，可以为Logo添加艺术风格。例如，在8.2.2节关键词的基础上，增加一些极简主义风格的描述，例如minimalistic Logo（极简主义风格的Logo），然后再次通过Midjourney生成图片。具体操作方法如下。

STEP 01 在Midjourney中调用imagine指令，输入相应的关键词，如图8-10所示。

图8-10　输入描述极简主义风格的关键词

STEP 02 按Enter键确认，即可生成极简主义风格的图片，效果如图8-11所示。

图8-11　极简主义风格的图片效果

STEP 03 在生成的4张图片中，选择其中合适的一张进行放大，例如这里选择第3张图片，单击U3按钮，如图8-12所示。

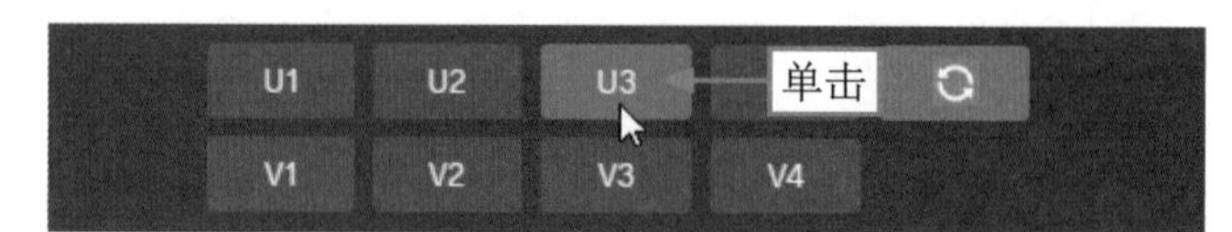

图8-12　单击U3按钮

STEP 04 执行操作后，Midjourney将放大第3张图片，效果如图8-13所示。

图8-13　图片放大效果

8.2.4 其他风格

在学习了以上的知识点后，相信读者已经掌握了生成Logo的操作方法，本节将介绍不同类型Logo的效果生成案例，帮助大家认识不同类型的Logo，希望读者能够在实战中灵活运用。

1. 平面矢量Logo

平面矢量Logo是一种灵活、多用途且易于使用的设计形式，适用于各种品牌和标志设计。在生成平面矢量Logo时可以添加关键词simple colouring（简单着色），使生成的Logo更符合预期，效果更出色。具体操作方法如下。

STEP 01 在Midjourney中调用imagine指令，输入描述平面矢量Logo的关键词，如flat vector graphic logo of dog, simple minimal, smoothedges, simple design, simple colouring, simplistic details（大意为：狗的平面矢量图形标志，简单简约，平滑，简单设计，简单着色，简单细节），如图8-14所示。

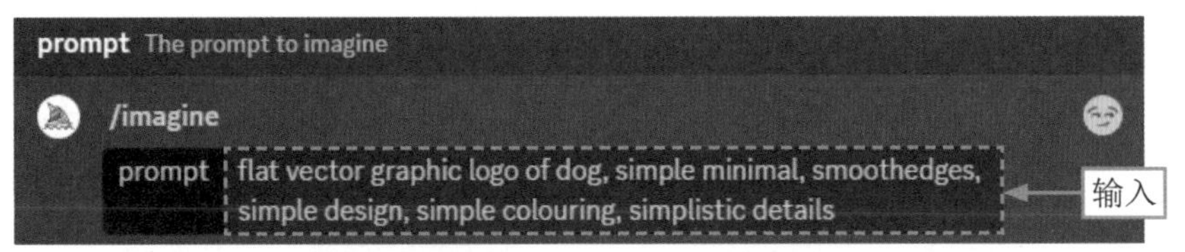

图8-14　输入描述平面矢量Logo的关键词

STEP 02 按Enter键确认，即可生成平面矢量Logo，如图8-15所示。

图8-15　平面矢量Logo效果

2. 复古型Logo

复古型Logo常常使用复古的色彩方案，如深褐色、暗红色、土黄色等，以营造出过去的感觉。在生成复古型Logo时可以添加关键词nostalgic（怀旧），使效果更好。具体操作步骤如下。

STEP 01 在Midjourney中调用imagine指令，输入描述复古型Logo的关键词，如Vintage retro logo, chinese style old house, nostalgic, retro color（大意为：复古的标志，中式老房子，怀旧，复古色彩）”，如图8-16所示。

图8-16　输入描述复古型Logo的关键词

STEP 02 按Enter键确认，即可生成复古型Logo，效果如图8-17所示。

图8-17　复古型Logo效果

3. 现代高雅型Logo

现代高雅型Logo通常采用简洁的设计元素，强调精致和优雅。在生成现代高雅型Logo时，可以添加关键词high end（高端），使效果更好。具体操作方法如下。

STEP 01 在Midjourney中调用imagine指令，输入描述现代高雅型Logo的关键词，如Modern and classy logo of diamond, crystal, modern, classy, sapphire, high end, blue and gold（大意为：钻石、水晶、现代、高雅、蓝宝石、高端、蓝色和金色的现代高雅型标志），如图8-18所示。

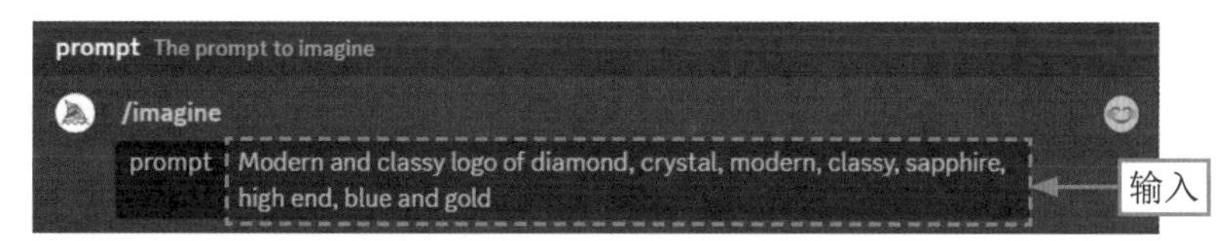

图8-18 输入描述现代高雅型Logo的关键词

STEP 02 ▶▶ 按Enter键确认，即可生成现代高雅型Logo，效果如图8-19所示。

图8-19 现代高雅型Logo效果

4. 霓虹效果Logo

霓虹效果Logo可以传达出动感和活力，使人联想到霓虹灯闪烁的效果，常常被用于夜间场景和与娱乐产业相关的品牌。在生成该类型Logo时，可以添加关键词neon light（霓虹灯），使效果更好。具体操作方法如下。

STEP 01 ▶▶ 在Midjourney中调用imagine指令，输入描述霓虹效果Logo的关键词，如neon logo of a game hall, game console, flat design, neon light, dark background（大意为：游戏厅的霓虹灯标志，游戏机，平面设计，霓虹灯，深色背景），如图8-20所示。

图8-20 输入描述霓虹效果Logo的关键词

STEP 02 ▶▶ 按Enter键确认，即可生成霓虹效果Logo，如图8-21所示。

图8-21 霓虹效果Logo

5. 品牌形象Logo

品牌形象Logo应该具备独特性、简洁明了、可识别性和可传递品牌价值的特点。品牌形象logo的首要任务是帮助人们识别和记住品牌，因此“可识别性”是一个关键概念。在生成该类型Logo时，可以添加关键词mascot（吉祥物），使效果更好。具体操作方法如下。

STEP 01 ▶▶ 在Midjourney中调用imagine指令，输入描述品牌形象Logo的关键词，如Cats，logo，Yellow and White，mascot，Graphic design, logo design（大意为：猫的标志，黄色和白色，吉祥物，平面设计，标志设计），如图8-22所示。

图8-22 输入描述品牌形象Logo的关键词

STEP 02 ▶▶ 按Enter键确认，即可生成品牌形象Logo，效果如图8-23所示。

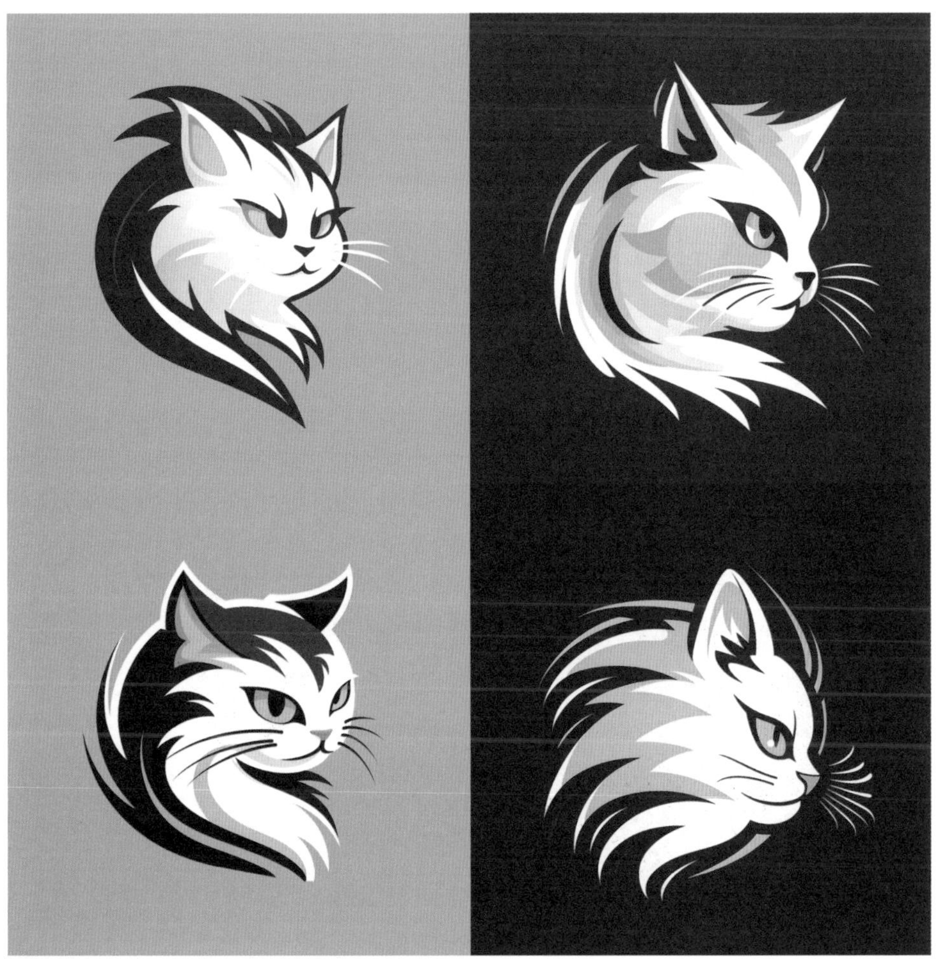

图8-23　品牌形象Logo效果

6. 3D效果Logo

3D效果Logo能够呈现出立体感，使图形或文字看起来像是呼之欲出，这种立体感可以增加设计的吸引力和深度。在生成该类型Logo时，可以添加关键词three-dimensional（三维、立体），使效果更好。具体操作方法如下。

STEP 01 在Midjourney中调用imagine指令，输入描述3D效果Logo的关键词，如a simple logo of the letter "V", Logo design, 3D effect, three-dimensional（大意为：字母"V"的简单徽标，徽标设计，3D效果，三维），如图8-24所示。

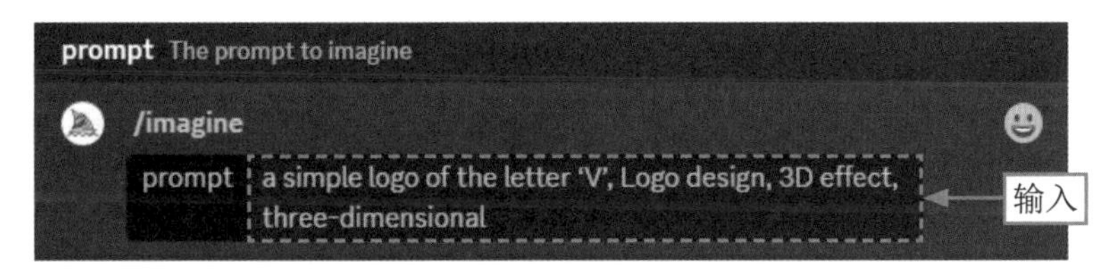

图8-24　输入描述3D效果Logo的关键词

STEP 02 按Enter键确认，即可生成3D效果Logo，如图8-25所示。

图8-25 3D效果Logo

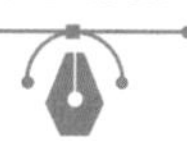

专家指点

如果Logo包含文字部分，确保所选字体风格和排版与品牌形象一致。文字应该清晰可读，不能引起混淆。生成的Logo应该在不同尺寸和分辨率下保持高清晰度，无论是在大型广告牌上还是在小型名片上都应该适用。

09

A PAINTER

第9章 商品主图：制作《护肤精华》

利用AI技术可以创建或编辑电子商务产品的主要图像，这些图片通常用于广告宣传，提高产品的吸引力和可视化效果，以吸引潜在买家。AI技术还可以用于改进和优化现有的商品照片，包括颜色校正、背景去除、图像锐化、光照调整等，以提高图像的视觉效果。本章将为大家详细介绍使用AI生成商品主图的操作方法。

9.1 《护肤精华》效果展示

商品主图是在电子商务平台或在线市场上展示商品的首要图像，通常用于吸引顾客的注意力，对于产品的销售非常重要，因为它们通常是影响消费者购物决策的重要因素之一。商品主图旨在以清晰、吸引人和信息丰富的方式展示产品，以引起潜在购买者的兴趣。

在制作《护肤精华》商品主图之前，首先来欣赏本案例的图片效果，并了解本案例的学习目标、制作思路、知识讲解和要点讲堂。

9.1.1 效果欣赏

《护肤精华》商品主图效果如图9-1所示。

图9-1 《护肤精华》图片效果

9.1.2 学习目标

知识目标	掌握商品主图的生成方法
技能目标	（1）掌握用Midjourney垫图的方法 （2）掌握生成图像主体的方法 （3）掌握添加背景的方法 （4）掌握改变构图方式的方法 （5）掌握改变艺术风格的方法 （6）掌握设置图像参数的方法
本章重点	改变构图方式
本章难点	改变艺术风格
视频时长	3分28秒

9.1.3 制作思路

本案例的制作首先要在Midjourney中用垫图的方式生成图像主体，接下来给图像添加背景，设置构图方式，改变图像的风格，最后使用参数改变图像的比例。图9-2所示为本案例的制作思路。

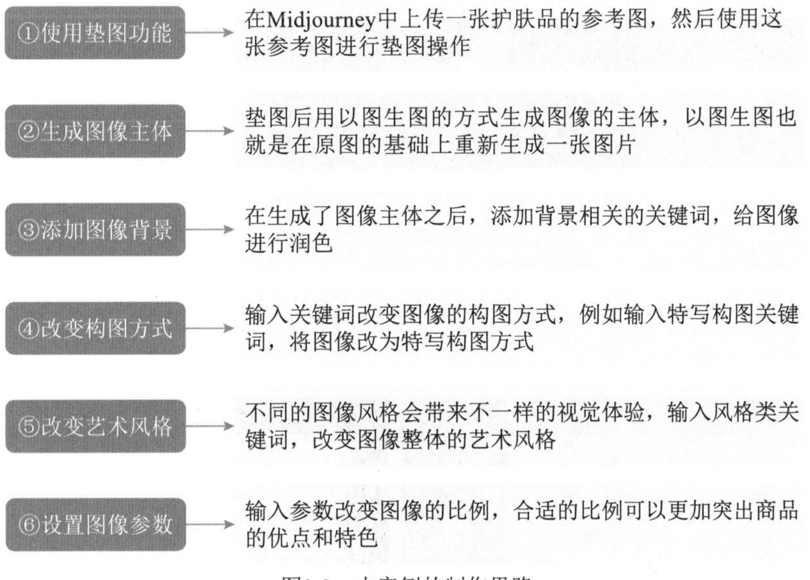

图9-2　本案例的制作思路

9.1.4 知识讲解

主图应该充分展示产品，确保消费者可以清晰地看到产品的外观和特征，避免将重要部分截断或隐藏。良好的照明是关键，避免阴影和过于强烈的反光，以确保产品呈现自然的颜色和纹理。主图通常不应包含过多的标签、文本或水印，以免分散消费者的注意力，附加信息可以在其他图像或说明中展示。

9.1.5 要点讲堂

在本案例中用到了Midjourney中的垫图功能。在Midjourney中，用户可以将图片链接与关键词进行组合，然后再根据提示内容和图片链接来生成类似的图片，这个过程称为“以图生图”，也称为“垫图”。

生成商品主图的主要方法为：在Midjourney中进行垫图操作生成图像主体，接下来给图像添加合适的背景，改变图像的构图方式和画面风格，最后使用参数改变图像的比例。

9.2 《护肤精华》制作流程

使用Midjourney绘制《护肤精华》商品主图可以分别从垫图、生成图像主体、添加图像背景、改变构图方式、改变画面风格以及设置图像参数6个方面逐步进行。本节将以绘制《护肤精华》为例，介绍使用Midjourney绘制商品主图的操作方法。

9.2.1 使用垫图功能

在绘制护肤品主图前，首先可以在Midjourney中使用垫图技巧，生成相关的护肤品图片。下面介绍具体的操作方法。

STEP 01 单击Midjourney输入栏左侧的“加号”按钮，如图9-3所示。然后在弹出的列表框中选择“上传文件”选项。

图9-3 单击“加号”按钮

STEP 02 弹出“打开”对话框，选择合适的护肤品图片，单击“打开”按钮，然后按Enter键确认，即可将打开的图片发送到Midjourney中，如图9-4所示。

STEP 03 单击发送的图片，进入预览状态，然后单击图片左下角的“在浏览器中打开”按钮，如图9-5所示。

图9-4 将图片在Midjourney中打开

图9-5 单击“在浏览器中打开”按钮

STEP 04 ▶▶ 执行操作后，将在浏览器的新标签页中打开图片，单击浏览器上方的链接地址，然后单击鼠标右键，在弹出的快捷菜单中选择“复制”命令，即可复制图片的链接地址，如图9-6所示。

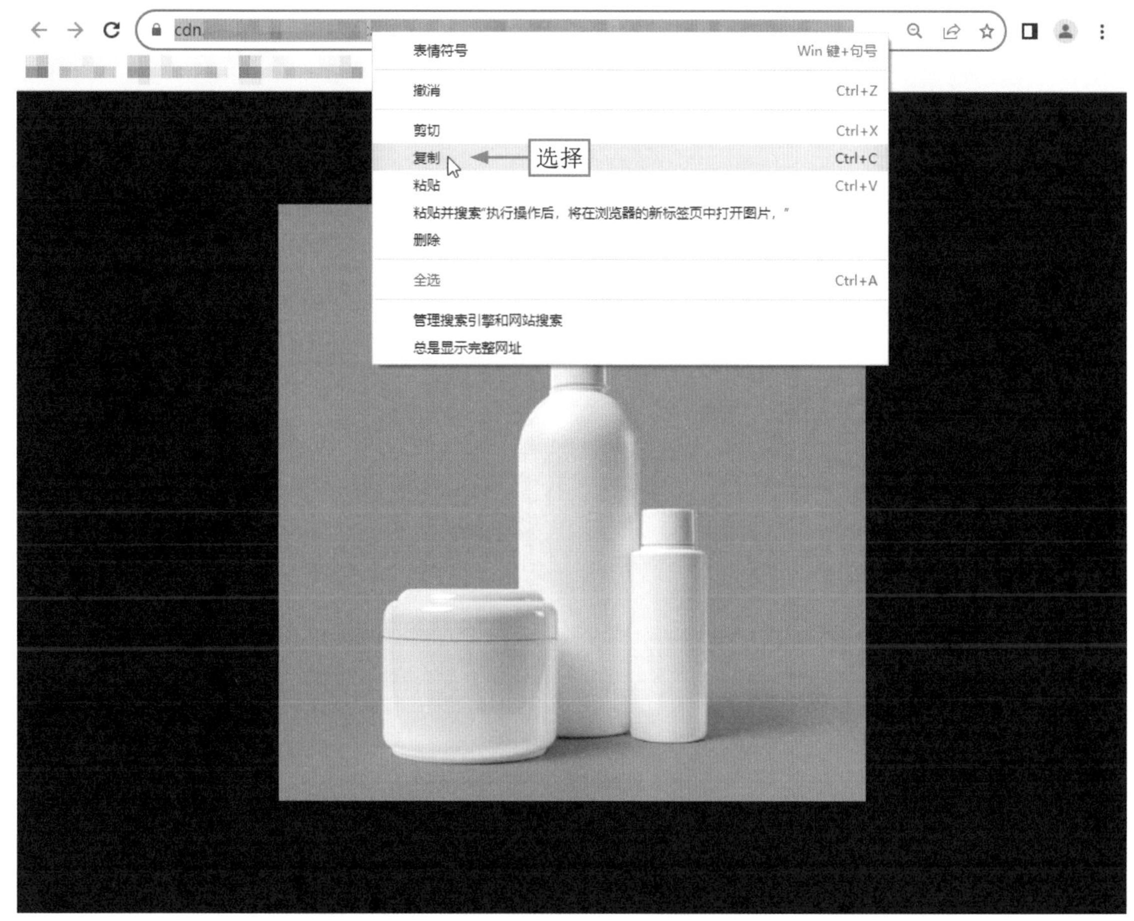

图9-6　选择“复制”命令

9.2.2　生成图像主体

在进行垫图操作后，就可以使用Midjourney以原图为基础生成想要的护肤品主体图片了。下面介绍具体的操作方法。

STEP 01 ▶▶ 在imagine指令的后面粘贴刚才复制的图片链接地址，如图9-7所示。

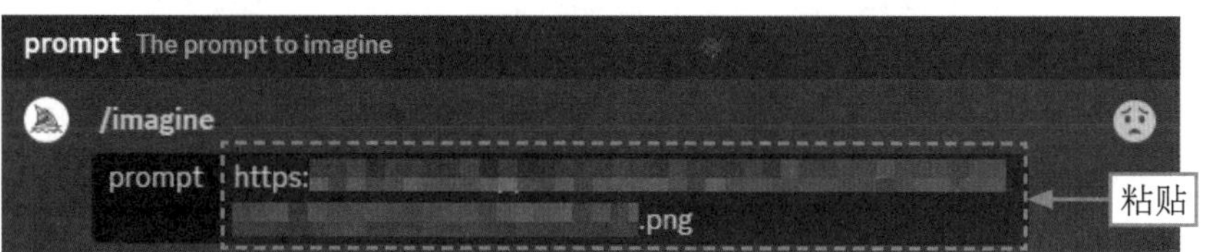

图9-7　粘贴图片链接地址

STEP 02 ▶▶ 在链接地址的后面添加关键词Isolated white skincare product set（大意为：隔离白色的护肤品套装），按Enter键确认，随后Midjourney将生成4张对应的护肤品主体图片，如图9-8所示。

图9-8 生成4张护肤品主体图片

9.2.3 添加图像背景

使用垫图的方式完成绘制护肤品主体图片后，继续使用Midjourney绘制护肤品的背景，这里可以使用植物背景来对护肤品进行润色。下面介绍具体的操作方法。

STEP 01 复制刚才生成的护肤品主体图片的链接地址以及关键词，然后粘贴到imagine指令的后面，如图9-9所示。

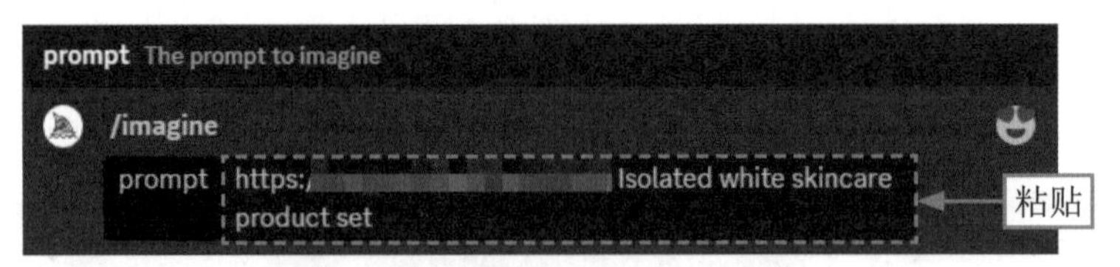

图9-9 粘贴图片链接地址和关键词

STEP 02 在粘贴的内容后面添加关键词Surrounded by plants and stones（大意为：被植物和石头包围），如图9-10所示。

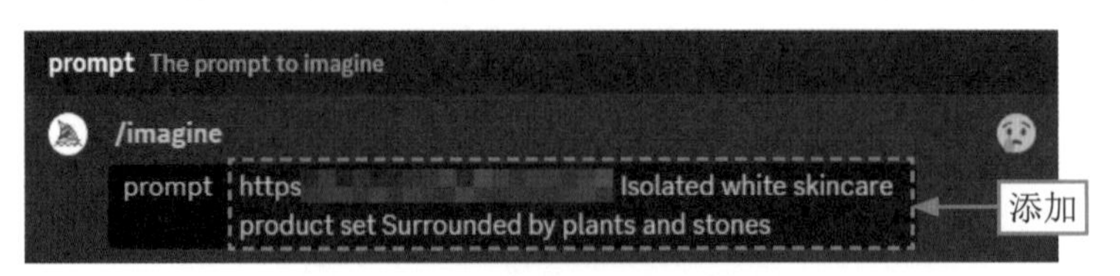

图9-10 添加描述背景的关键词

STEP 03 按Enter键确认，即可为护肤品主体图片添加植物和石头背景，效果如图9-11所示。

图9-11 添加背景后的图片效果

9.2.4 改变构图方式

特写构图可以突出主体的细节，使消费者能够更清楚地看到物体的细微之处，这对于展示细节非常有用。下面介绍设置特写镜头的具体操作方法。

STEP 01 在9.2.3节中关键词的后面添加关键词close-up（特写），如图9-12所示。

图9-12 添加特写关键词

STEP 02 按Enter键确认，即可为图片使用特写构图，效果如图9-13所示。

图9-13　使用特写构图后的图片效果

9.2.5　改变艺术风格

商品主图的风格，可以突出产品的特点、功能和创新之处，这有助于吸引客户的注意力并增加产品的吸引力。下面介绍具体的操作方法。

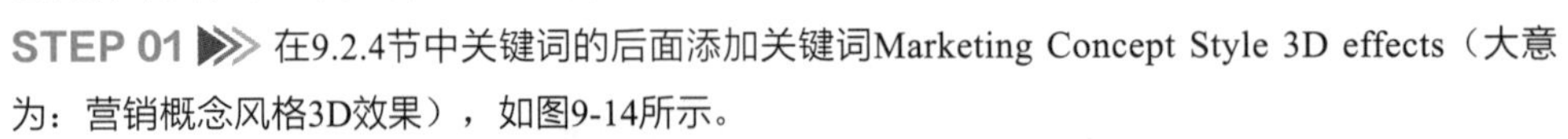

STEP 01 在9.2.4节中关键词的后面添加关键词Marketing Concept Style 3D effects（大意为：营销概念风格3D效果），如图9-14所示。

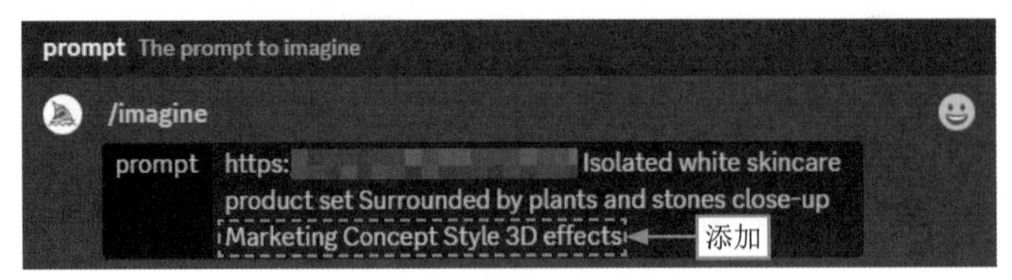

图9-14　添加设置艺术风格的关键词

STEP 02 按Enter键确认，即可改变图片的艺术风格，效果如图9-15所示。

图9-15　改变艺术风格后的图片效果

9.2.6　设置图像参数

合适的画面比例可以更加突出商品的优点和特色，本案例中将图片横纵比例设置为3:4，并添加8K高清画质效果。下面介绍具体的操作方法。

STEP 01 在9.2.5节中关键词的后面添加设置图像参数的关键词，如8k, High definition image quality（高清晰度图像质量）, --ar 3:4，如图9-16所示。

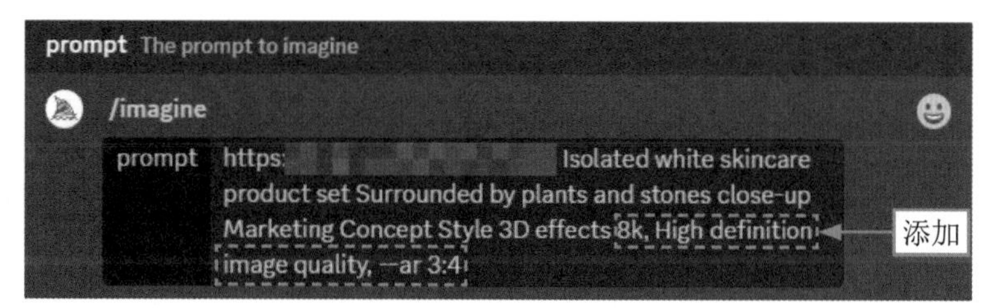

图9-16　添加设置图像参数的关键词

STEP 02 按Enter键确认，即可设置图像参数，改变图像的尺寸和画质效果，效果如图9-17所示。

图9-17　设置图像参数后的图片效果

STEP 03 ▶▶ 从生成的4张图片中选择两张合适的图片，例如这里选择第1张和第2张，单击V1和V2按钮，如图9-18所示。

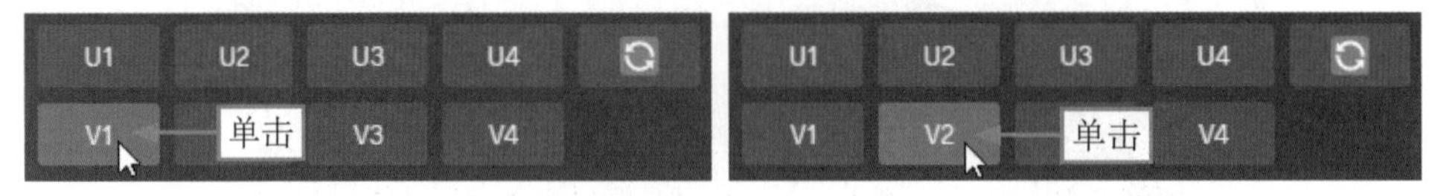

图9-18　单击V1和V2按钮

STEP 04 ▶▶ 执行操作后，Midjourney将以第1张图片和第2张图片为模板，分别重新生成4张图片，如图9-19所示。

图9-19　分别重新生成4张图片

STEP 05 在生成的两组图片中选择最合适的一张，例如这里选择第2组的第3张，效果如图9-20所示。

图9-20　图片放大效果

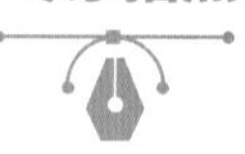

专家指点

由于Midjourney生成的图片具有随机性，所以在绘制图片的过程中可以选择多张图片来进行生成，从多个结果里挑选最符合预期的图片。

第10章 工业设计：制作《卓越跑车》

使用AI生成工业设计是一种利用人工智能技术来改进和加速工业产品设计和开发过程的方法，它可以提供更创新、更高效和更可持续的解决方案。通过简明扼要的图形化呈现，传达产品的关键信息，使用户能够一目了然地了解产品的特点和优势。本章以制作跑车为例，讲解使用AI进行工业设计制作的流程。

10.1 《卓越跑车》效果展示

工业设计是一种跨学科的设计领域，其主要目标是通过创造性的方法来设计和开发各种产品。工业设计注重产品的外观、造型和美学，以确保产品在市场上具有吸引力，这包括产品的颜色设计、纹理设计、材料选择等方面。

在制作《卓越跑车》工业设计图之前，首先来欣赏本案例的图片效果，并了解本案例的学习目标、制作思路、知识讲解和要点讲堂。

10.1.1 效果欣赏

《卓越跑车》工业设计图片效果如图10-1所示。

图10-1 《卓越跑车》图片效果

10.1.2 学习目标

知识目标	掌握工业设计图的生成方法
技能目标	（1）掌握用ChatGPT生成关键词的方法 （2）掌握生成图像主体的方法 （3）掌握调整图像风格的方法 （4）掌握设置对象颜色的方法 （5）掌握添加图像场景的方法 （6）掌握设置图像参数的方法
本章重点	设置对象颜色
本章难点	添加图像场景
视频时长	2分59秒

10.1.3 制作思路

本案例的制作首先要在ChatGPT中生成跑车的相关关键词，然后将关键词输入至Midjourney中imagine指令后面生成图像主体，接下来调整图像的画面风格，设置对象的颜色，给图像添加场景，最后使用参数改变图像的比例。图10-2所示为本案例的制作思路。

图10-2 本案例的制作思路

10.1.4 知识讲解

使用AI生成跑车的工业设计图时需要谨慎处理，以确保生成的设计图在实际应用中具有实用性和美观性。在开始生成设计图之前，要明确设计的目标和要求，包括性能、外观、功能等方面的要求，这将有助于AI模型生成更符合实际需求的设计。

训练AI模型所需的数据应具有高质量和多样性的特点，包括不同类型和风格的跑车图片，这有助于AI模型生成更具创意和多样性的设计。

10.1.5 要点讲堂

在对画面中的对象进行编辑换色时，除了添加颜色相关的关键词以外，还可以加入一些外观或材质的描述词，例如colorful, translucent, bright, dull, smooth, rough, delicate, matte, metallic, plastic, glass, transparent（大意为：色彩鲜艳，透亮，璀璨，黯淡，光滑，粗糙，细腻，哑光，金属材质，塑料，玻璃，透明），使生成的效果更好。

生成工业设计效果图的主要方法为：首先在ChatGPT中生成描述跑车的关键词，然后将关键词输入至Midjourney中调用imagine指令生成图像主体，接下来调整图像的整体画面风格，设置画面中跑车的颜色，再给图像添加场景，最后使用参数改变图像的比例。

10.2 《卓越跑车》制作流程

使用Midjourney绘制《卓越跑车》可以分别从生成关键词、生成图像主体、调整图像风格、设置对象颜色、添加画面场景以及设置图像参数6个方面逐步进行。本节将介绍使用ChatGPT和Midjourney制作《卓越跑车》工业设计效果图的操作方法。

10.2.1 生成关键词

在生成图像之前，可以使用ChatGPT来生成所需要的描述关键词，以便于搜索、分类和组织相关内容。下面介绍具体的操作方法。

STEP 01 提出要求，突出特点：将获取工业设计关键词的相关提示输入到ChatGPT的输入框中，让它帮我们生成绘画关键词，如图10-3所示。

你是一名AI绘画师，请向我提供跑车工业设计相关的AI绘画关键词，要求突出跑车的外观和材质，字数在100字以内

图10-3 向ChatGPT提要求

STEP 02 根据提示，提供指令：按Enter键确认，ChatGPT将给出相应的AI绘画关键词，如图10-4所示。

作为AI绘画师，以下是突出跑车外观和材质的关键词，可用于创作具有精美细节的跑车工业设计：

1. **流线型**：绘制出跑车流畅的外观线条，突显其速度和动感。
2. **碳纤维材质**：重点描绘碳纤维构件，展现其轻量化和高强度特性。
3. **铝合金**：细致呈现铝合金构造，增强操控性和视觉效果。
4. **独特轮毂**：突出绘制轮毂设计，凸显其个性和功能性。
5. **高光泽涂层**：用光泽效果增强涂层，使跑车外观闪耀夺目。
6. **进气口和散热孔**：注意绘制大型进气口和散热孔，强调其空气动力学设计。
7. **多角度透视**：以多角度呈现跑车，展示其全貌和细节。
8. **自然光影**：运用光影效果，突出材质的纹理和外观的立体感。
9. **镀铬装饰**：着重绘制镀铬饰件，突显奢华和精致。
10. **细节质感**：精心处理细节，呈现车漆光泽和材质的真实感。

这些关键词将帮助您在绘画中突出跑车的外观和材质，为观众呈现一幅栩栩如生的跑车工业设计画作。

图10-4 ChatGPT给出AI绘画关键词

STEP 03 输入提示，提供示例：让ChatGPT为我们整合关键词，如在输入框中继续输入“请整合上述关键词，提供一个跑车工业设计的AI绘画关键词示例”，如图10-5所示。

请整合上述关键词，提供一个跑车工业设计的AI绘画关键词示例

图10-5 让ChatGPT整合关键词

STEP 04 ▶▶ 整合分析，生成指令：按Enter键确认，ChatGPT将根据上面的关键词整合出跑车工业设计的AI绘画关键词，如图10-6所示。

当创建一个跑车工业设计的AI绘画时，您可以使用以下关键词来突出外观和材质：

流线型、碳纤维构件、铝合金、独特轮毂、高光泽涂层、进气口和散热孔、多角度透视、自然光影、镀铬装饰、细节质感。

这些关键词可以帮助您创作一幅生动且引人入胜的跑车工业设计绘画，强调外观和材质的各种细节特征。

图10-6 ChatGPT整合出AI绘画关键词

STEP 05 ▶▶ 转换语言，进行翻译：让ChatGPT为我们提供翻译帮助，如在其输入框中继续输入“请将这段AI绘画关键词翻译为英文”，ChatGPT给出回复，如图10-7所示。

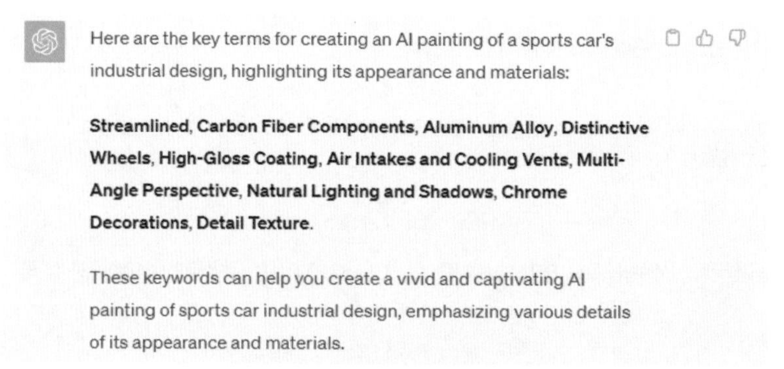

图10-7 ChatGPT提供翻译帮助

10.2.2 生成图像主体

使用ChatGPT生成跑车的AI绘画关键词后，将关键词输入到Midjourney中生成想要的图片。下面介绍具体的操作方法。

STEP 01 ▶▶ 在Midjourney中调用imagine指令，输入ChatGPT提供的关键词，如图10-8所示。

图10-8 输入相应的关键词

STEP 02 ▶▶ 在关键词的开头部分添加主语Industrial Design of Sports Cars（跑车的工业设计），如图10-9所示。

图10-9 在关键词开头添加主语

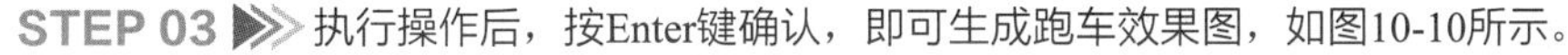

STEP 03 ▶▶ 执行操作后，按Enter键确认，即可生成跑车效果图，如图10-10所示。

图10-10 跑车效果图

10.2.3 调整图像风格

生成跑车效果图后，我们可以继续对图片进行优化和调整，以达到设计的预期，例如为图片添加个性化风格。下面介绍具体的操作方法。

STEP 01 ▶▶ 在10.2.2节中关键词的基础上添加关键词Simple style（简约风格），如图10-11所示。

图10-11 添加设置图像风格的关键词

STEP 02 ▶▶ 按Enter键确认，即可给图像添加个性化风格，效果如图10-12所示。

图10-12　添加个性化风格后的跑车效果图

10.2.4　设置对象颜色

添加描述跑车颜色的关键词，可以改变画面中跑车的颜色，使视觉效果更加突出。下面介绍具体的操作方法。

STEP 01 在10.2.3节中关键词的基础上添加描述颜色的关键词，如Red, bright（红色，鲜艳），如图10-13所示。

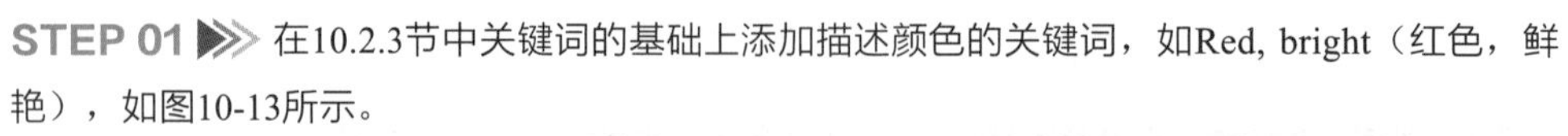

图10-13　添加描述颜色的关键词

STEP 02 按Enter键确认，即可将跑车的颜色设置为红色，效果如图10-14所示。

图10-14 设置颜色后的跑车效果图

10.2.5 添加图像场景

扫码看视频

给图像添加场景，通过选择合适的环境和背景元素来增强图片的整体效果，并为主体内容提供一个引人注目的对比。下面介绍具体的操作方法。

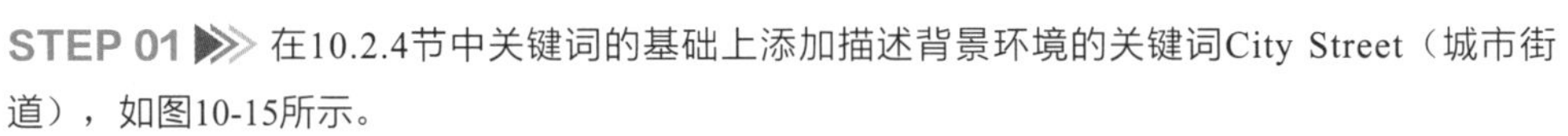

STEP 01 在10.2.4节中关键词的基础上添加描述背景环境的关键词City Street（城市街道），如图10-15所示。

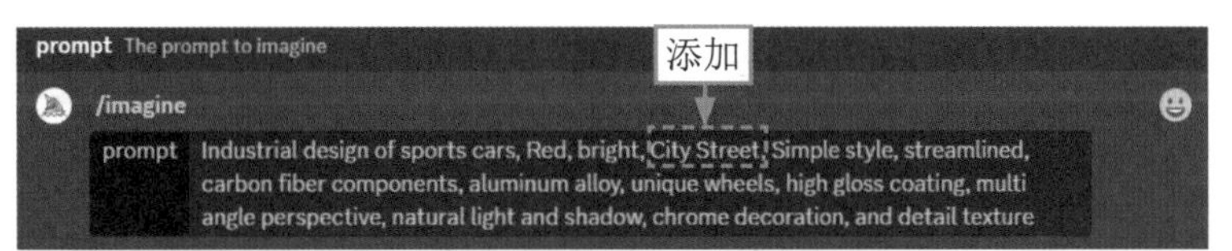

图10-15 添加描述背景环境的关键词

STEP 02 按Enter键确认，即可为图像添加合适的场景，效果如图10-16所示。

图10-16　为跑车添加场景后的效果

10.2.6　设置图像参数

在为图像添加了场景后，接下来可以在关键词中添加参数，改变图像的分辨率和比例，以此来对图像进行优化。下面介绍具体的操作方法。

STEP 01 在10.2.5节中关键词的基础上添加关键词8K --ar 4:3，如图10-17所示。

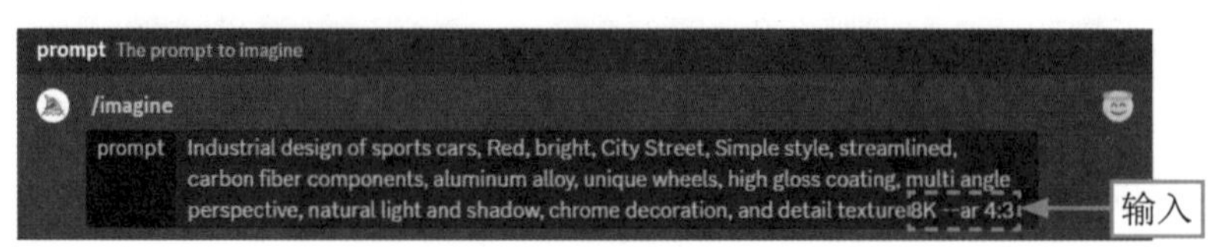

图10-17　添加设置参数的关键词

STEP 02 按Enter键确认，即可设置图像参数，改变图像的尺寸和分辨率，效果如图10-18所示。

图10-18　改变图像尺寸和分辨率后的效果图

STEP 03 在生成的4张图片中，选择其中合适的一张进行放大，例如这里选择第4张图片，单击U4按钮，如图10-19所示。

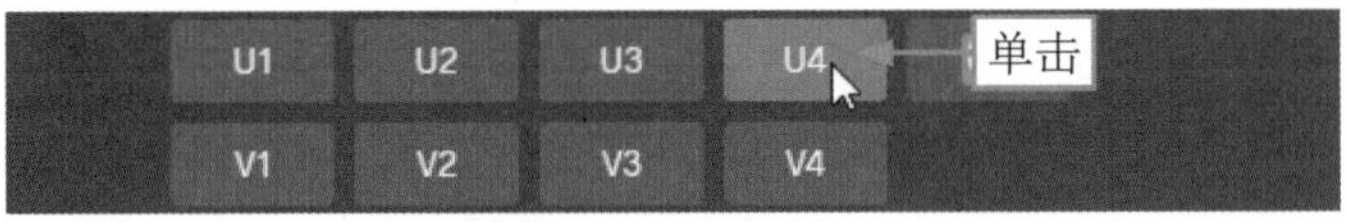

U1 U2 U3 U4 单击
V1 V2 V3 V4

图10-19　单击U4按钮

STEP 04 执行操作后，Midjourney将在第4张图片的基础上进行更加精细的刻画，并放大图片，效果如图10-20所示。

图10-20　图片放大效果

第11章 电子产品：制作《智能音箱》

使用AI技术可以快速生成电子产品图形，这些图形通常被用于产品设计或原型制作等方面。设计师可以使用AI工具来生成电子产品的三维模型、外观设计、外壳结构等，以便在产品开发的早期阶段快速创建概念图和原型。本章将为大家详细介绍使用AI生成电子产品图形的步骤。

11.1 《智能音箱》效果展示

电子产品是指依赖电子技术和电子元件来执行各种功能和任务的产品。这些产品通常包含了电子电路、微处理器、传感器、电源系统和其他电子组件，以实现特定的功能或提供特定的服务。电子产品种类繁多，涵盖了各个领域，包括通信、娱乐、信息技术、医疗保健、家居、工业和交通等。

在制作《智能音箱》电子产品图之前，首先来欣赏本案例的图片效果，并了解本案例的学习目标、制作思路、知识讲解和要点讲堂。

11.1.1 效果欣赏

《智能音箱》电子产品图片效果如图11-1所示。

图11-1 《智能音箱》图片效果

11.1.2 学习目标

知识目标	掌握电子产品图的生成方法
技能目标	（1）掌握用ChatGPT生成关键词的方法 （2）掌握生成图像主体的方法 （3）掌握更换图像环境的方法 （4）掌握设置图像参数的方法
本章重点	更换图像环境
本章难点	设置图像参数
视频时长	2分46秒

11.1.3 制作思路

本案例的制作首先要在ChatGPT中生成智能音箱的相关关键词，然后将关键词输入至Midjourney中imagine指令后面生成图像主体，接下来更换图像的环境，最后使用参数改变图像的比例。图11-2所示为本案例的制作思路。

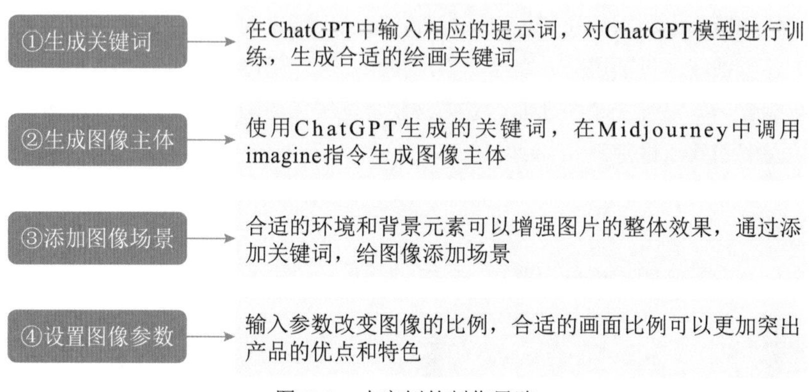

图11-2　本案例的制作思路

11.1.4 知识讲解

使用AI生成音箱的电子产品图需要能够有效地传达设计意图，以确保制造和装配的正确性，使用标准的图形符号和约定，以避免歧义。如果产品设计涉及颜色或外观方面的要求，需要考虑是否与产品的定位相符合，包括配色方案或外观规范，这对于视觉设计和制造很重要。确保产品图满足所有设计的需求，才能生产出高质量的电子产品。

11.1.5 要点讲堂

在本案例中用到了Midjourney中的Vary（变化）功能，在生成的大图下方，可以单击Vary(Strong)（变化 明显的）或Vary(Subtle)（变化 不明显的）按钮重新生成图片，使用哪个按钮取决于用户期望图片变化的明显程度。

例如，要想让重新生成的图片相比原图变化比较大，可以单击Vary(Strong)按钮；反之，如果想让重新生成的图片相比原图变化比较小，可以单击Vary(Subtle)按钮。执行操作后，Midjourney将根据用户所单击的按钮，在原图的基础上重新生成4张图片。

生成电子产品图的主要方法为：首先在ChatGPT中生成音箱的相关关键词，然后将关键词输入至Midjourney中调用imagine指令生成图像主体，接下来给图像更换环境，最后使用参数改变图像的比例。

11.2 《智能音箱》制作流程

电子产品《智能音箱》效果图的制作可以分为4步，即获取产品的关键词、生成产品图片、添加产品的背景、设置产品的参数。本节将介绍使用ChatGPT和Midjourney制作电子产品《智能音箱》效果图的操作技巧。

11.2.1 生成关键词

在生成图像之前，可以使用ChatGPT来生成所需要的绘画关键词，以便于搜索、分类和组织相关内容。下面介绍具体的操作方法。

STEP 01 ▶▶ 提出要求，突出特点：在ChatGPT的输入框中输入“请用200字左右描述某款智能音箱的外观特点”，ChatGPT给出回答，如图11-3所示。

这款智能音箱具有独特且引人的外观设计。其外壳采用光滑的亚克力材料，呈现出典雅的半透明效果，令人惊艳。外壳上没有任何突出的按钮或开关，呈现出极简主义的设计风格。

音箱的整体形状是圆柱体，底部配备了抗滑橡胶垫，确保在任何表面上都能稳固地放置。在音箱的顶部，有一个触控面板，用于手势控制音乐播放、音量调节和语音助手激活。

此外，音箱的前面板还集成了多彩的LED灯带，可以根据音乐的节奏或声音响应变换颜色和亮度，在音乐播放时创造出令人愉悦的氛围。音箱的尺寸适中，既不会占据太多空间，又足够引人注目。

总体来说，这款智能音箱融合了现代设计和高科技元素，其优雅的外观、流畅的曲线和交互式的触控面板，使其成为家庭娱乐和智能助手的理想选择。

图11-3　向ChatGPT提要求

STEP 02 ▶▶ 整合分析，生成指令：让ChatGPT为我们整合关键词，如在输入框中继续输入“请整合上述关键词，提供一个智能音箱电子产品的AI绘画关键词示例”，随后ChatGPT将根据上面的关键词整合出智能音箱电子产品的AI绘画关键词示例，如图11-4所示。

以下是一个关键词示例，涵盖了智能音箱电子产品的AI绘图特点：

- 外观设计
- 亚克力外壳
- 半透明效果
- 极简主义风格
- 圆柱形状
- 抗滑橡胶垫
- 触控面板
- 手势控制
- LED灯带
- 音乐响应
- 尺寸适中
- 高科技元素
- 互动体验
- 现代设计
- 家庭娱乐
- 智能助手

这些关键词可以用于描述智能音箱的外观特点，同时强调了其现代化、交互性和实用性。

图11-4　ChatGPT整合出关键词

STEP 03 转换语言，进行翻译：让ChatGPT为我们提供翻译帮助，如在其输入框中继续输入“请将这段AI绘画关键词翻译为英文”，ChatGPT给出回复，如图11-5所示。

Here is the translation of the keywords related to the AI-generated drawing of the smart speaker electronic product:

- Exterior design
- Acrylic casing
- Translucent effect
- Minimalist style
- Cylinder shape
- Anti-slip rubber pads
- Touch control panel
- Gesture control
- LED light strip
- Music response
- Moderate size
- High-tech elements
- Interactive experience
- Modern design
- Home entertainment
- Smart assistant

图11-5 ChatGPT提供翻译帮助

11.2.2 生成图像主体

使用ChatGPT生成《智能音箱》的AI绘画关键词后，将关键词输入到Midjourney当中生成想要的图片。下面介绍具体的操作方法。

STEP 01 在Midjourney中调用imagine指令，输入ChatGPT提供的关键词，可以适当修改关键词，如图11-6所示。

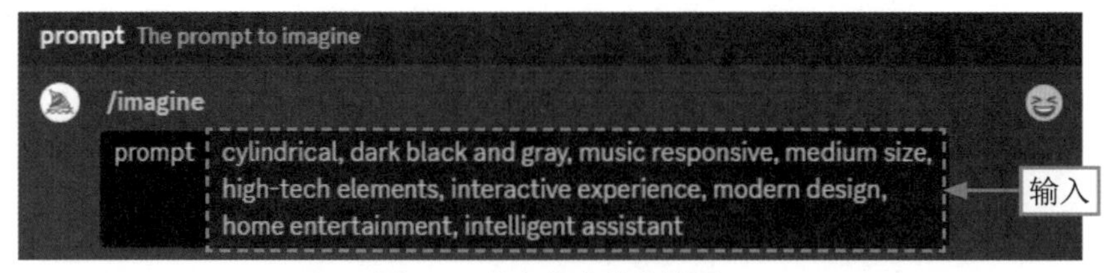

图11-6 输入相应的关键词

STEP 02 在关键词的开头部分添加产品的主语Intelligent speaker（智能音箱），如图11-7所示。

图11-7 在关键词开头添加主语

STEP 03 执行操作后，按Enter键确认，即可生成智能音箱图片，效果如图11-8所示。

图11-8 智能音箱效果图

11.2.3 添加图像场景

生成智能音箱的图片后，可以继续使用Midjourney来给智能音箱图片添加场景。下面介绍具体的操作方法。

STEP 01 在11.2.2节中关键词的基础上添加Placed on the table in the living room（大意为：被放置在客厅的桌子上），如图11-9所示。

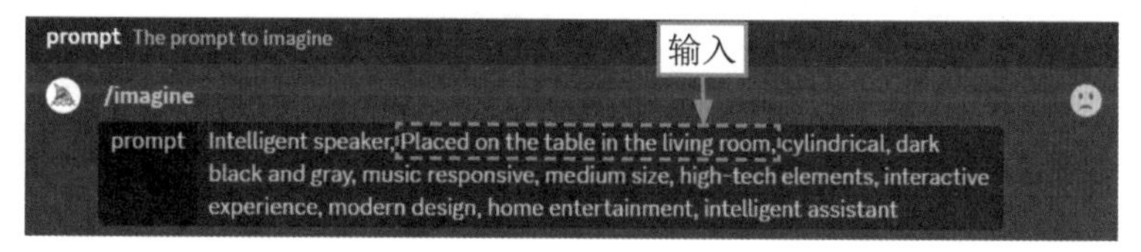

图11-9 添加相应的关键词

STEP 02 执行操作后，按Enter键确认，即可为图片添加场景，效果如图11-10所示。

图11-10　添加场景后的效果图

11.2.4　设置图像参数

给音箱添加场景后，接下来在Midjourney中使用命令参数来改变图像的比例，然后使用Vary功能重新生成图像。下面介绍具体的操作方法。

STEP 01 在11.2.3节中关键词的后面添加关键词8K --ar 16:9，如图11-11所示。

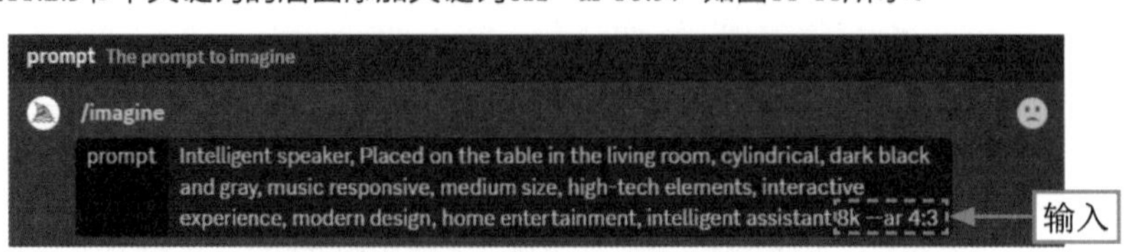

图11-11　添加相应的关键词

STEP 02 执行操作后，按Enter键确认，即可改变图片的比例，效果如图11-12所示。

图11-12　改变比例后的效果图

STEP 03 在生成的4张图片中，选择其中合适的一张进行放大，例如这里选择第3张图片，单击U3按钮，如图11-13所示。

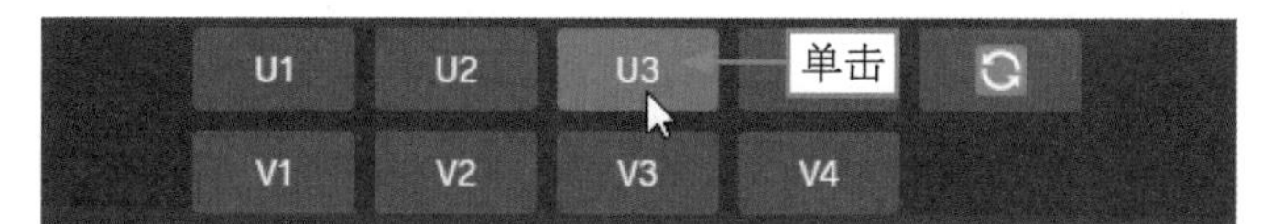

图11-13　单击U3按钮

STEP 04 执行操作后，Midjourney将在第3张图片的基础上进行更加精细的刻画，并放大图片，效果如图11-14所示。

图11-14　图片放大效果（1）

STEP 05 ▶▶ 在生成的大图下方，单击Vary (Strong) 按钮，如图11-15所示。

图11-15　单击Vary (Strong) 按钮

STEP 06 ▶▶ 执行操作后，Midjourney将在原图的基础上重新生成4张变化较大的图片，如图11-16所示。

图11-16　重新生成4张变化较大的图片

STEP 07 ▶▶ 在生成的大图下方，单击Vary (Subtle) 按钮，如图11-17所示。

图11-17 单击Vary (Subtle) 按钮

STEP 08 ▶▶ 执行操作后，Midjourney将在原图的基础上重新生成4张变化较小的图片，如图11-18所示。

图11-18 重新生成4张变化较小的图片

STEP 09 从重新生成的图片中选择合适的一张进行放大，例如这里选择第2组的第4张图片，单击U4按钮，生成的效果如图11-19所示。

图11-19　图片放大效果（2）

第12章 服装设计：制作《唯美汉服》

利用AI技术生成服装设计图可以为设计师提供创作灵感以及帮助设计师分析市场趋势。将AI模型进行训练，可以生成全新的服装设计图像，这些图像可能包括不同颜色、纹理、款式和剪裁，设计师可以根据这些生成的图像来获得创作灵感或进行修改和定制服装设计。本章将详细介绍使用AI生成服装设计图的操作步骤。

12.1 《唯美汉服》效果展示

服装设计是一门创意领域，涉及设计、制作各种类型及不同样式的服装，也包括了设计衣服、鞋子、帽子、配饰等各种穿戴品。服装设计师通过结合艺术、时尚趋势、功能性和个性化需求，创造出新颖、吸引人的服装。

在制作《唯美汉服》服装设计图之前，首先来欣赏本案例的图片效果，并了解案例的学习目标、制作思路、知识讲解和要点讲堂。

12.1.1 效果欣赏

《唯美汉服》服装设计图片效果如图12-1所示。

图12-1 《唯美汉服》图片效果

12.1.2 学习目标

知识目标	掌握服装设计图的生成方法
技能目标	（1）掌握用ChatGPT生成关键词的方法 （2）掌握生成图像主体的方法 （3）掌握添加画面光线的方法 （4）掌握设置图像参数的方法
本章重点	添加画面光线
本章难点	生成图像主体
视频时长	2分49秒

12.1.3 制作思路

本案例的制作首先要在ChatGPT中生成唯美汉服的相关关键词，然后将关键词输入至Midjourney中imagine指令后面生成图像主体，接下来添加画面光线，最后使用参数改变图像的比例以及设置风格化参数。图12-2所示为本案例的制作思路。

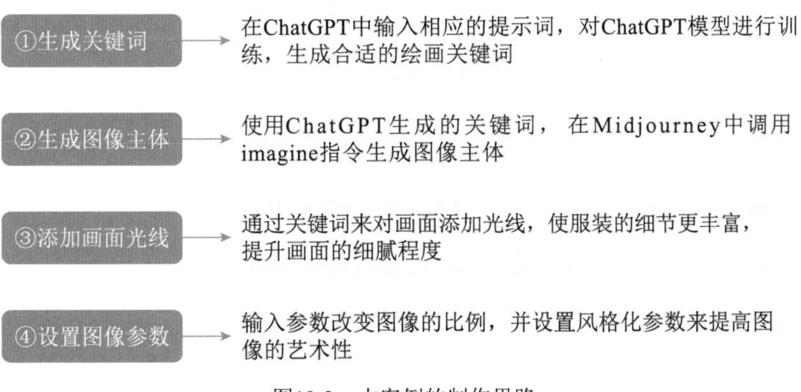

图12-2 本案例的制作思路

12.1.4 知识讲解

使用AI能够迅速生成大量设计概念，节省了传统手工设计所需的时间，这有助于缩短产品开发周期，可以更快地将新款式推向市场。在使用AI生成服装设计图时，要注意服饰上的花纹要贴合主题风格。

12.1.5 要点讲堂

在本案例中用到了Midjourney中的stylize（风格化）指令，在Midjourney中使用stylize指令，可以让生成的图片更具艺术性。较低的stylize值会使生成的图片与关键词密切相关，但艺术性较差；较高的stylize值会使生成的图片非常有艺术性，但与关键词的关联性较低，使AI模型有更多的自由发挥空间。

生成服装设计图的主要方法为：首先在ChatGPT中生成汉服的相关关键词，然后将关键词输入至Midjourney中调用imagine指令生成图像主体，接下来添加画面光线，最后使用参数改变图像的比例以及设置风格化参数。

12.2 《唯美汉服》制作流程

汉服是中国传统的汉族服装，历史悠久，起源于中国古代。汉服通常以其独特的设计和裁剪，柔和的色彩和华丽的装饰为特征。本节将介绍使用ChatGPT和Midjourncy制作服装设计图《唯美汉服》的操作方法。

12.2.1 生成关键词

在生成图像之前，可以使用ChatGPT来生成所需要的绘画关键词，以便于搜索、分类和组织相关内容。下面介绍具体的操作方法。

STEP 01 提供特点，描述外观：在ChatGPT的输入框中输入获取唯美汉服相关关键词的提示，如“你是一名经验丰富的服装设计师，请为我提供一段描述汉服外观的关键词文案，汉服的特点是袖口绣满了精致的莲花图案，色彩鲜艳而典雅；同时汉服的材质轻盈柔软，质地光滑，字数要求在200字左右”，ChatGPT给出回答，如图12-3所示。

汉服，一种古老而典雅的中国传统服饰，以其独特的外观和精致的细节而著称。汉服的特点数不胜数，其中最引人注目的要数那精致的莲花图案，这些花朵在袖口绣满，仿佛一幅艺术品。每一朵莲花都是匠心独运，绣工精湛，呈现出华丽的立体效果，为汉服增添了无限风采。

色彩鲜艳而典雅，恰如中国传统文化的精髓。红、绿、蓝、黄等丰富多彩的色调，巧妙地交织在一起，散发出浓郁的东方韵味。这些色彩不仅突显出穿着者的风采，还传达着对生活的热爱和对传统文化的尊敬。

而汉服的材质更是别具特色，轻盈柔软，质地光滑，仿佛第二层肌肤一般。穿上汉服，你会感到自己仿佛融入了风和日丽的自然之中，流光溢彩的丝绸和细腻的布料，让人不禁想起了千年前的繁华与荣耀。

总之，汉服是一种汇聚了华夏文化精髓的瑰宝，其袖口莲花图案、色彩绚丽和材质轻盈柔软，都体现了中华民族文化的博大精深和中华民族对传统的珍视。穿上汉服，你将感受到一种与众不同的魅力，仿佛时光倒流，重返了辉煌的古代。

图12-3 ChatGPT给出的关键词文案

STEP 02 整合分析，生成指令：让ChatGPT为我们整合关键词，如在输入框中继续输入“请整合上述关键词文案，提供一个汉服外观的AI绘画关键词示例”，随后ChatGPT将根据上面的关键词文案整合出汉服服装设计的AI绘画关键词，如图12-4所示。

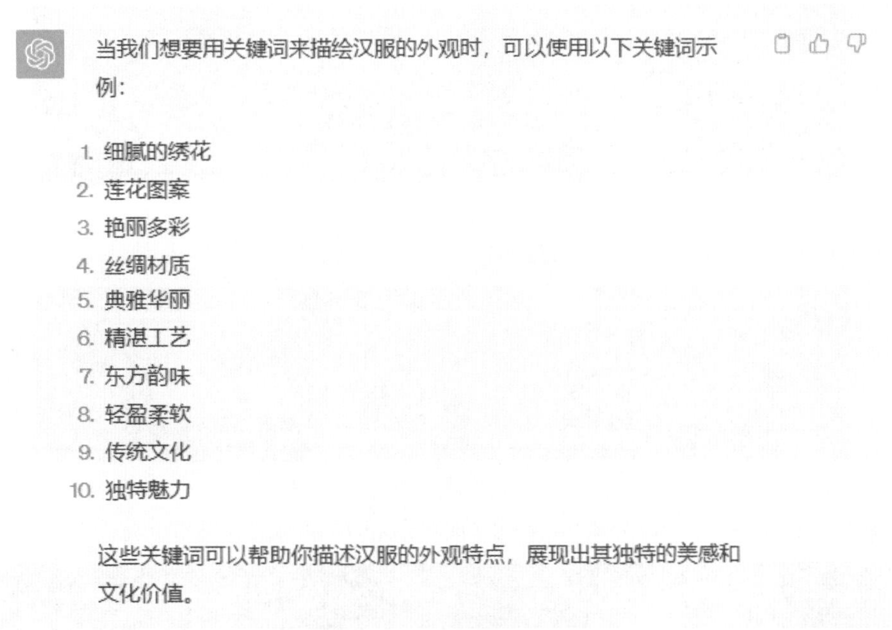

当我们想要用关键词来描绘汉服的外观时，可以使用以下关键词示例：

1. 细腻的绣花
2. 莲花图案
3. 艳丽多彩
4. 丝绸材质
5. 典雅华丽
6. 精湛工艺
7. 东方韵味
8. 轻盈柔软
9. 传统文化
10. 独特魅力

这些关键词可以帮助你描述汉服的外观特点，展现出其独特的美感和文化价值。

图12-4　ChatGPT整合出的关键词

STEP 03 ▶▶ 转换语言，进行翻译：让ChatGPT为我们提供翻译帮助，如在其输入框中继续输入“请将这段AI绘画关键词翻译为英文”，ChatGPT给出回复，如图12-5所示。

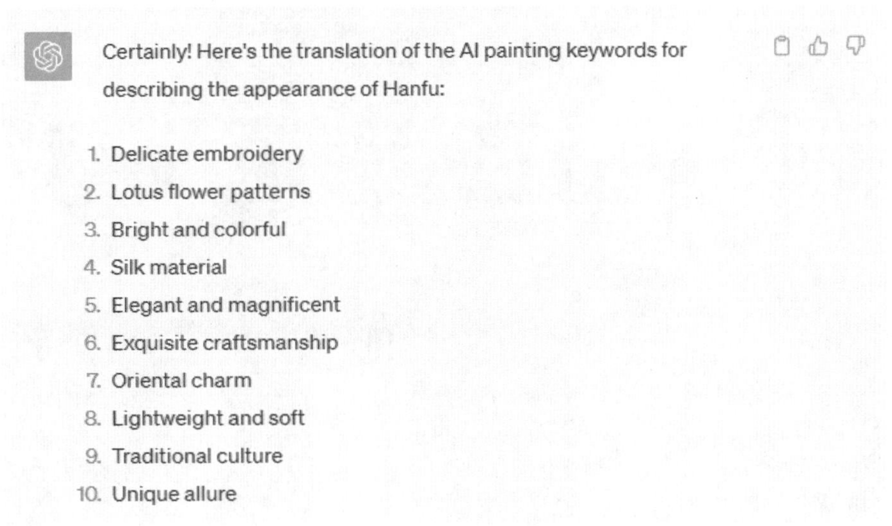

Certainly! Here's the translation of the AI painting keywords for describing the appearance of Hanfu:

1. Delicate embroidery
2. Lotus flower patterns
3. Bright and colorful
4. Silk material
5. Elegant and magnificent
6. Exquisite craftsmanship
7. Oriental charm
8. Lightweight and soft
9. Traditional culture
10. Unique allure

图12-5　ChatGPT提供翻译帮助

12.2.2　生成图像主体

使用ChatGPT生成汉服的AI绘画关键词后，将关键词输入到Midjourney中生成想要的图片。下面介绍具体的操作方法。

STEP 01 ▶▶ 在Midjourney中调用imagine指令，输入ChatGPT提供的关键词，如图12-6所示。

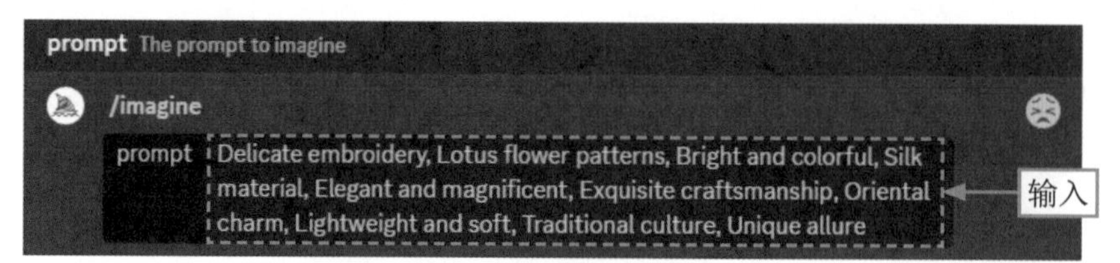

图12-6 输入描述图像主体的关键词

STEP 02 在关键词的开头添加主语Hanfu（汉服），效果如图12-7所示。

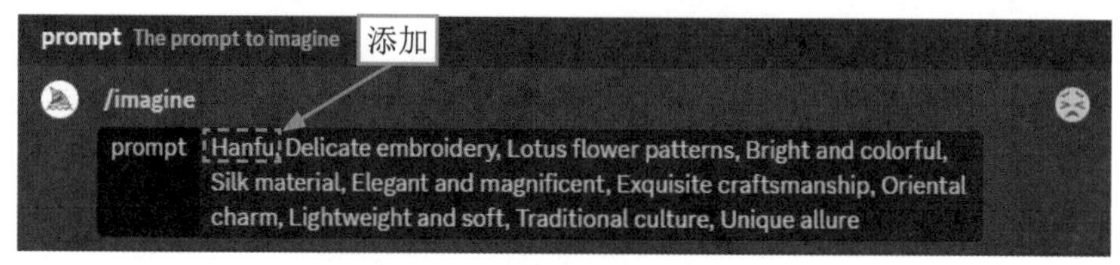

图12-7 在关键词开头添加主语

STEP 03 执行操作后，按Enter键确认，即可生成唯美汉服图片，如图12-8所示。

图12-8 唯美汉服效果图

12.2.3　添加画面光线

通过添加关键词来对画面添加光线，使服装的细节更丰富，提升画面的细腻程度。下面介绍具体的操作方法。

STEP 01 在12.2.2节中关键词的基础上添加关键词Warm light，如图12-9所示。

图12-9　添加Warm light

STEP 02 执行操作后，按Enter键确认，即可为图片添加暖光效果，如图12-10所示。

图12-10　给图片添加暖光效果

12.2.4　设置图像参数

输入参数改变图像的比例，并设置风格化参数来提高图像的艺术性。下面介绍具体的操作方法。

STEP 01 在12.2.3节中关键词的后面添加--stylize 10 --ar 4:3，如图12-11所示。

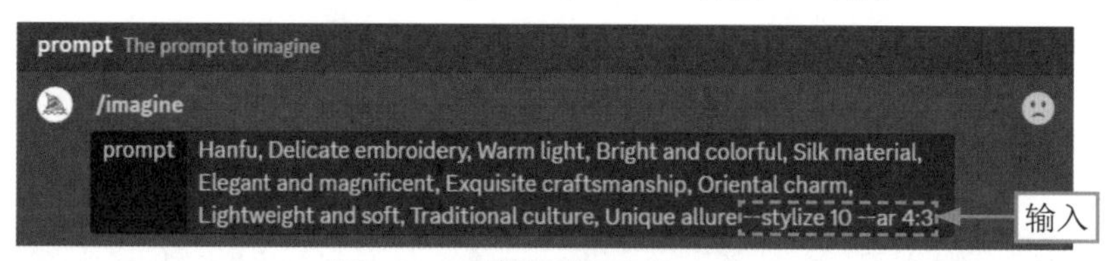

图12-11 添加相应的参数（1）

STEP 02 执行操作后，按Enter键确认，即可生成风格值较低的唯美汉服图片，效果如图12-12所示。较低的stylize值会使生成的图片与关键词密切相关，但艺术性较差。

图12-12 风格值较低的唯美汉服图片

STEP 03 重复上述操作，在关键词后面添加--stylize 1000 --ar 4:3，如图12-13所示。

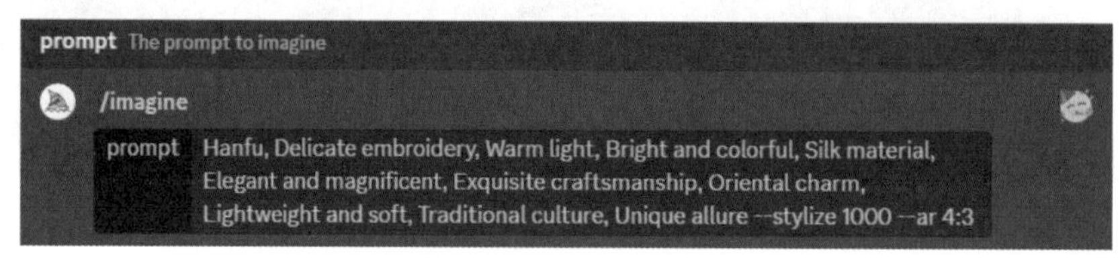

图12-13 添加相应的参数（2）

STEP 04 执行操作后，按Enter键确认，即可生成风格值较高的唯美汉服图片，效果如图12-14所示。较高的stylize值会使生成的图片非常有艺术性，但与关键词的关联性较低，使AI模型有更多的自由发挥空间。

图12-14　风格值较高的唯美汉服图片

STEP 05 在生成的4张图片中，选择其中合适的一张进行放大，例如这里选择第1张图片，单击U1按钮，如图12-15所示。

图12-15　单击U1按钮

STEP 06 执行操作后，Midjourney将在第1张图片的基础上进行更加精细的刻画，并放大图片，效果如图12-16所示。

图12-16　图片放大效果

专家指点

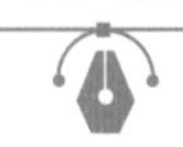

在生成的图像内包含人物时，要注意人物的身体四肢是否符合人体科学，要规避手指数量错误或四肢扭曲的情况。

第13章 珠宝首饰：制作《璀璨钻戒》

使用AI可以根据客户的个人偏好和要求生成定制的珠宝设计，这使得客户可以获得完全符合他们品味和风格的首饰，帮助珠宝制造商优化生产流程，减少浪费和成本消耗。本章将详细介绍使用AI生成珠宝首饰设计图的操作步骤。

13.1 《璀璨钻戒》效果展示

珠宝首饰是一种装饰性的物品，通常由特殊的材料和宝石制成，用于佩戴在身体的不同部位，以增强外观的美感和吸引力。珠宝首饰可以包括各种不同类型的装饰品，例如项链、戒指、手链、耳环、胸针、手镯和腰带等。

在制作《璀璨钻戒》珠宝首饰设计图之前，首先来欣赏本案例的图片效果，并了解本案例的学习目标、制作思路、知识讲解和要点讲堂。

13.1.1 效果欣赏

《璀璨钻戒》珠宝首饰图片效果如图13-1所示。

图13-1 《璀璨钻戒》图片效果

13.1.2 学习目标

知识目标	掌握珠宝首饰设计图的生成方法
技能目标	（1）掌握用ChatGPT生成关键词的方法 （2）掌握生成图像主体的方法 （3）掌握设置画面场景的方法 （4）掌握添加画面光线的方法 （5）掌握设置图像参数的方法
本章重点	设置画面场景
本章难点	添加画面光线
视频时长	3分43秒

13.1.3 制作思路

本案例的制作首先要在ChatGPT中生成璀璨钻戒的相关关键词，然后将关键词输入至Midjourney中imagine指令后面生成图像主体，接下来设置画面场景，再添加画面光线，最后使用参数改变图像的比例和渲染进度。图13-2所示为本案例的制作思路。

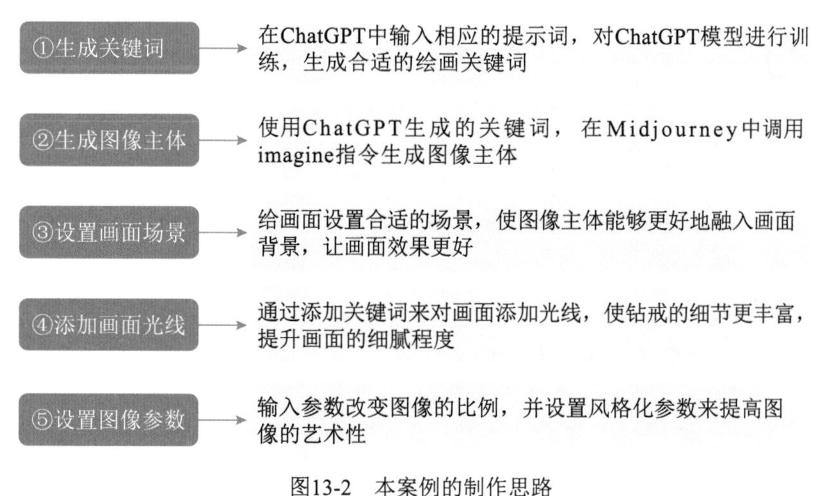

图13-2　本案例的制作思路

13.1.4 知识讲解

使用AI可以生成各种不同类型、形状和风格的钻戒设计图，从而提供更多的选择和创新方案。AI生成的钻戒设计可以根据用户的个性化需求和喜好进行定制。用户可以选择钻石的大小、颜色、切工等，以及戒指的材质和设计元素，从而获得独一无二的钻戒。

13.1.5 要点讲堂

在本案例中用到了Midjourney中的stop（停止）指令，该指令可以停止正在进行的AI绘画作业，然后直接出图。如果用户没有使用stop指令，则默认的生成步数为100，得到的图片是非常清晰、详实的。以此类推，设置的生成步数越少，使用stop指令停止渲染的时间就越早，生成的图像也就越模糊。

生成珠宝首饰设计图的主要方法为：首先在ChatGPT中生成钻戒的关键词，然后将关键词输入至

Midjourney中调用imagine指令生成图像主体，接下来设置画面场景，再添加画面光线，最后使用参数改变图像的比例和渲染进度。

13.2 《璀璨钻戒》制作流程

钻戒的设计多种多样，从经典的单钻石圆形戒指到复杂的多钻石戒指和特殊形状的戒指。设计可以包括各种装饰和花纹，以满足个人品味和风格。本节将介绍使用ChatGPT和Midjourney制作珠宝首饰图片《璀璨钻戒》的操作方法。

13.2.1 生成关键词

在生成图像之前，可以使用ChatGPT来生成所需要的绘画关键词，以便于搜索、分类和组织相关内容。下面介绍具体的操作方法。

STEP 01 赋予身份，描述外观：在ChatGPT的输入框中输入获取璀璨钻戒相关关键词的提示，如“你是一名经验丰富的珠宝销售人员，请向我提供描述钻戒外观的关键词文案，字数要求在200字左右”，ChatGPT给出回答，如图13-3所示。

这款钻戒是一件精美的艺术品，汇聚了精湛的工艺和珍贵的材料，无疑是永恒的象征。首先，它的中心钻石，具有卓越的切割，散发出令人惊叹的光彩。这颗宝石的色泽清澈明亮，散发出耀眼的光芒，让人难以移开目光。中心钻石周围镶嵌着精致的小钻石，增添了它的华丽感，为戒指增色不少。

戒指的设计也非常考究，细心 的工匠在每一个细节上都展现了无与伦比的技艺。戒指的铂金材质闪耀着白金般的光泽，既坚固又优雅。环绕钻石的精致爪子，稳固地保护着宝石，同时又不影响它的美观。整个戒指都散发着一种奢华和优雅的气质，令人惊叹。

这款钻戒是一份珍贵的礼物，代表了永恒的爱情和承诺。它将在您手上熠熠生辉，为您的爱情故事增添光彩，成为您一生的宝贵回忆。无论是作为求婚戒指还是纪念日礼物，它都将成为一份珍贵的纪念。这是一款不容错过的钻戒，将永远闪耀在您的心中。

图13-3　ChatGPT给出的关键词文案

STEP 02 整合分析，生成指令：让ChatGPT为我们整合关键词，如在输入框中继续输入“请整合上述关键词文案，提供一个钻戒的AI绘画关键词示例”，随后ChatGPT将根据上面的关键词整合出钻戒的AI绘画关键词，如图13-4所示。

STEP 03 转换语言，进行翻译：让ChatGPT为我们提供翻译帮助，如在其输入框中继续输入“请将这段AI绘画关键词翻译为英文”，ChatGPT给出回复，如图13-5所示。

当想要用关键词来描述这款珠宝时，以下是一些关键词示例，帮助您传达其外观和价值：

1. 高光彩钻石
2. 卓越切割工艺
3. 清澈明亮的色泽
4. 珍贵的材料
5. 镶嵌精致小钻石
6. 铂金材质
7. 精湛工匠技艺
8. 优雅设计
9. 稳固保护爪子
10. 奢华和优雅氛围
11. 代表永恒的爱情
12. 珍贵的礼物
13. 永恒的承诺
14. 宝贵的纪念
15. 闪耀的光芒

这些关键词可以帮助您在不同场合中向潜在买家或收礼者传达这款钻戒的外观和象征意义，展现其珍贵和独特之处。

图13-4　ChatGPT整合出的关键词

When using keywords to describe this jewelry, here are some keyword examples to help convey its appearance and value:

1. High brilliance diamond
2. Exceptional cutting craftsmanship
3. Clear and bright color
4. Precious materials
5. Exquisite small diamond accents
6. Platinum material
7. Masterful artisan craftsmanship
8. Elegant design
9. Secure protective prongs
10. Luxurious and elegant ambiance
11. Symbolizes eternal love
12. Precious gift
13. Eternal commitment
14. Valuable memories
15. Radiant brilliance

图13-5　ChatGPT提供翻译帮助

13.2.2　生成图像主体

使用ChatGPT生成钻戒的AI绘画关键词后，将关键词输入到Midjourney中生成想要的图片。下面介绍具体的操作方法。

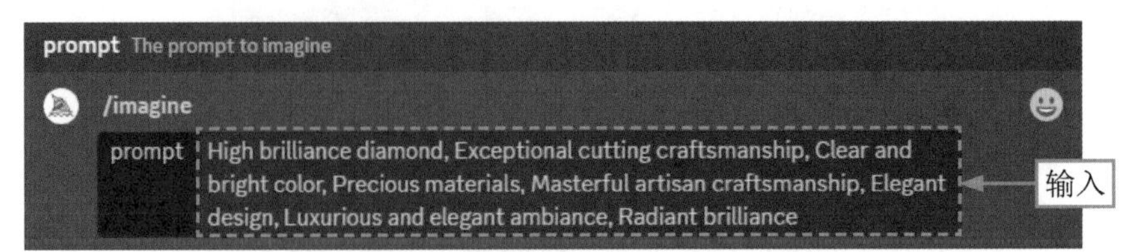

STEP 01 选择合适的关键词输入到imagine指令后面，如图13-6所示。

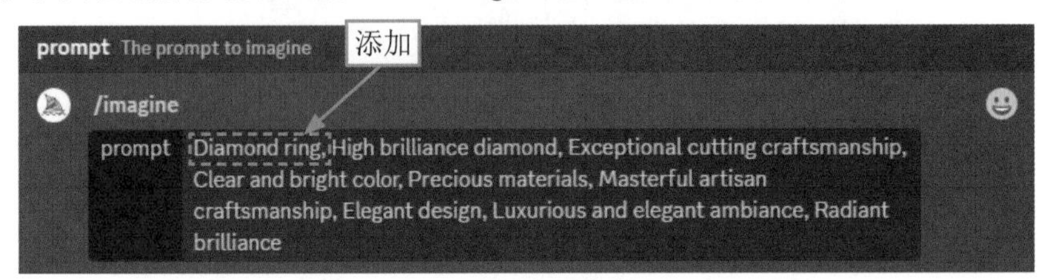

图13-6　输入相应的关键词

STEP 02 在关键词的开头添加主语Diamond ring（钻石戒指），如图13-7所示。

图13-7　在关键词开头添加主语

STEP 03 执行操作后，按Enter键确认，即可生成钻戒图片，效果如图13-8所示。

图13-8　钻戒效果图

13.2.3　设置画面场景

生成钻戒主体后，可以继续使用Midjourney来设置画面场景。下面介绍具体的操作方法。

STEP 01 在13.2.2节中关键词的基础上添加关键词Stone background on the water surface（大意为：水面石头背景）"，如图13-9所示。

图13-9　添加设置画面场景的关键词

STEP 02 执行操作后，按Enter键确认，即可为图片添加画面场景，效果如图13-10所示。

图13-10　添加画面场景后的效果图

13.2.4　添加画面光线

通过添加关键词来对画面添加光线，使钻戒细节展示效果更好，提升画面的细腻程度。下面介绍具体的操作方法。

STEP 01 在13.2.3节中关键词的基础上添加关键词Contour light（轮廓光），如图13-11所示。

图13-11 添加设置画面光线的关键词

STEP 02 ▶▶ 执行操作后，按Enter键确认，即可为图片添加轮廓光，效果如图13-12所示。

图13-12 添加轮廓光后的效果图

13.2.5 设置图像参数

让画面适当地模糊可以营造梦幻或幻想般的氛围，提升画面的艺术感。下面介绍具体的操作方法。

STEP 01 ▶▶ 在13.2.4节中关键词的后面添加关键词--stop 50 --ar 4:3，如图13-13所示。

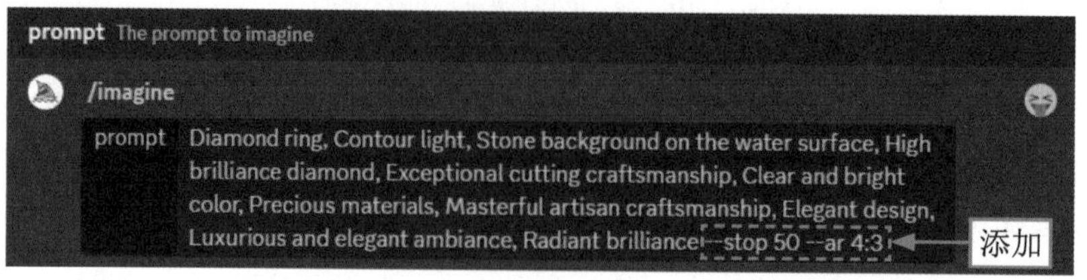

图13-13 添加相应的参数（1）

STEP 02 ▶▶ 执行操作后，按Enter键确认，即可生成渲染进度较低的图片，效果如图13-14所示。较低的

stylize值会使生成的图片非常模糊，看不清画面主体。

图13-14 非常模糊的钻戒图片

STEP 03 重复上述操作，在关键词后面添加关键词--stop 80 --ar 4:3关键词，如图13-15所示。

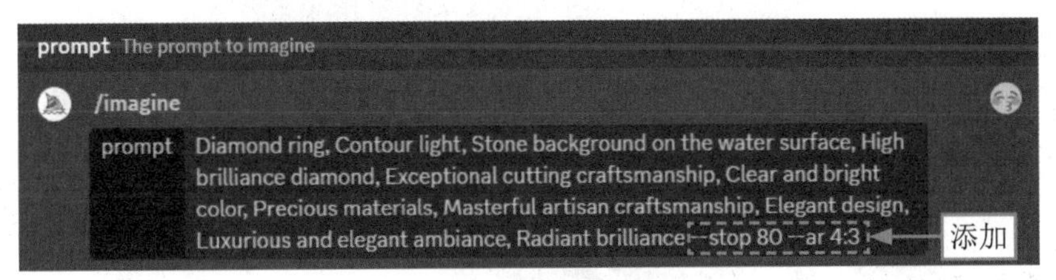

图13-15 添加相应的参数（2）

STEP 04 执行操作后，按Enter键确认，即可生成轻微模糊的钻戒图片，效果如图13-16所示。较高的stylize值会使生成的图片清晰度更高，更有艺术感。

图13-16 轻微模糊的钻戒图片

STEP 05 在生成的4张图片中，选择其中合适的一张进行放大，例如这里选择第1张图片，单击U1按钮，如图13-17所示。

图13-17 单击U1按钮

STEP 06 执行操作后，Midjourney将在第1张图片的基础上进行更加精细的刻画，并放大图片，效果如图13-18所示。

图13-18 图片放大效果

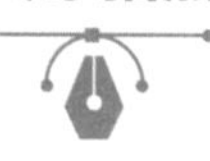

专家指点

首饰是展现个人品味和风格的重要物品，可以通过其独特的设计来彰显个性。它们可以强调、平衡或突出造型的某些特点；同时注重材质和质感、色彩搭配，突出个性和品味。在利用AI设计首饰时，应注意要与人物整体造型相协调，包括服装、发型等。

第14章 室内场景：制作《温馨小屋》

使用AI可以生成创新和非传统的室内设计，突破传统设计的界限。还可以根据用户的输入和要求，定制生成符合特定需求的室内场景设计，包括颜色、家具、装饰等个性化设计。AI能够快速生成室内场景的效果图，大大节省了设计和渲染的时间。本章将详细介绍使用AI生成室内场景效果图的操作方法。

14.1 《温馨小屋》效果展示

室内场景是指封闭空间内的环境或场合，这些场景可以包括各种类型的室内空间，如房屋、公共建筑、商店、办公室、餐厅、图书馆、医院、学校等。室内场景的设计可以涉及多个领域，包括室内设计、环境控制、人类行为和心理学等。这些场景的设计旨在创造舒适、安全、实用的环境，以满足人们的各种需求和期望。

在制作《温馨小屋》室内场景图之前，首先来欣赏本案例的图片效果，并了解本案例的学习目标、制作思路、知识讲解和要点讲堂。

14.1.1 效果欣赏

《温馨小屋》室内场景图片效果如图14-1所示。

图14-1 《温馨小屋》图片效果

14.1.2 学习目标

知识目标	掌握室内场景设计图的生成方法
技能目标	（1）掌握用ChatGPT生成关键词的方法 （2）掌握生成图像主体的方法 （3）掌握添加画面光线的方法 （4）掌握设置图像参数的方法
本章重点	生成关键词
本章难点	添加画面光线
视频时长	2分35秒

14.1.3 制作思路

本案例的制作首先要在ChatGPT中生成温馨小屋的相关关键词，然后将关键词输入至Midjourney中imagine指令后面生成图像主体，接下来添加画面光线，最后使用参数改变图像的比例。图14-2所示为本案例的制作思路。

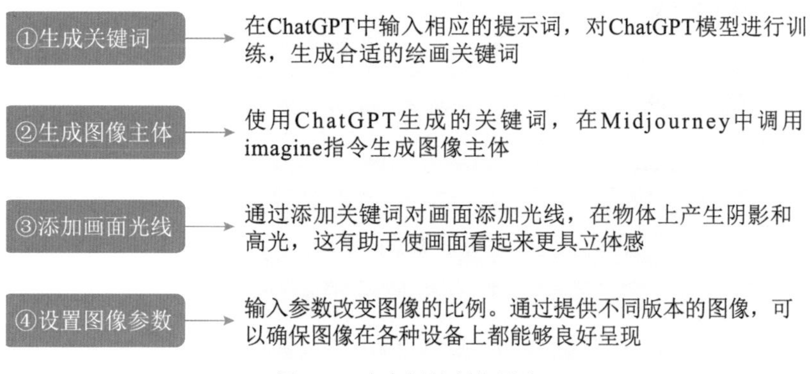

图14-2 本案例的制作思路

14.1.4 知识讲解

AI可以根据用户的需求和偏好生成个性化的室内场景设计。用户可以指定颜色、风格、家具和装饰元素等参数，以获得定制的设计。使用AI生成室内场景设计可以减少设计和建筑过程中的时间和成本消耗。AI也可以提供自动化的设计建议，减少人工设计的工作量。

14.1.5 要点讲堂

在本案例中要注意光线对图像效果的影响，光线的颜色、强度和方向可以影响观众的情感和情绪，温暖的光线通常会传达温馨和舒适的情感，因此在本案例中用到了关键词warm light。特定类型的光线可以与画面的主题或故事情节相匹配，增强画面的表达力。

生成室内场景设计图的主要方法为：首先在ChatGPT中生成温馨小屋的关键词，然后将关键词输入至Midjourney中调用imagine指令生成图像主体，接下来添加画面光线，最后使用参数改变图像的比例。

14.2 《温馨小屋》制作流程

室内场景设计是与美术设计相关的工作，这要求工作人员有一定的美术功底和创意。运用AI绘画工具，可以为从事室内场景设计的工作人员提供一些设计灵感。本节将介绍用AI设计室内场景的详细步骤。

14.2.1 生成关键词

用户要想使用AI生成室内场景设计图时，需要先编写AI绘画指令，而运用ChatGPT，可以自动生成室内场景设计图的AI绘画指令。具体操作方法如下。

STEP 01 赋予身份，给出示例：在ChatGPT的输入框中输入提示词，如“你现在是一位AI绘画师，请生成一些绘制室内设计图的指令示例”，ChatGPT给出的示例如图14-3所示。

当使用AI绘画师创建室内设计图时，你可以提供以下指令示例，以便生成符合你的要求的设计：

1. **客厅设计**：
   - 生成一个现代风格的客厅设计，包括舒适的沙发、咖啡桌和装饰品。
   - 使用柔和的色彩方案，如深蓝色和灰色。
   - 添加大窗户，以便有充足的自然光线。
2. **卧室设计**：
   - 创造一个宽敞的主卧室设计，包括大号床、壁橱和梳妆台。
   - 使用柔和的木色和浅粉色来营造温馨的氛围。
   - 添加壁灯和柔和的灯光，以营造宁静的氛围。
3. **厨房设计**：
   - 绘制一个现代厨房，包括不锈钢电器、石英台面和中央岛台。
   - 使用明亮的白色橱柜和大理石纹理地板。
   - 突出显示充足的存储空间和烹饪区域。
4. **办公室设计**：
   - 创建一个功能齐全的家庭办公室，包括书桌、书架和舒适的椅子。
   - 使用中性的颜色，如灰色和白色，以提高专注度。
   - 添加植物和艺术作品，增加舒适感。
5. **浴室设计**：
   - 绘制一个现代浴室，包括浴缸、淋浴间和双水槽。
   - 使用大理石瓷砖和镜面墙，增加豪华感。
   - 安排照明以实现舒适和实用性。
6. **餐厅设计**：
   - 创建一个开放式的餐厅空间，包括大餐桌、吊灯和餐具储藏柜。
   - 选择木质家具和暖色调，以创造温馨的就餐氛围。
   - 考虑大窗户，以提供自然光线和美景。
7. **儿童房设计**：
   - 绘制一个有趣和安全的儿童房，包括儿童床、玩具储藏区域和学习角。
   - 使用明亮的颜色和可爱的装饰，以激发孩子的创造力。
   - 确保提供充足的储物空间。

图14-3 ChatGPT给出的示例

STEP 02 整合分析，生成指令：让ChatGPT为我们整合关键词，如在输入框中继续输入“请根据卧室设计，提供一段AI绘画关键词示例，要求50字以内”，随后ChatGPT将给出更详细的AI绘画关键词，如图14-4所示。

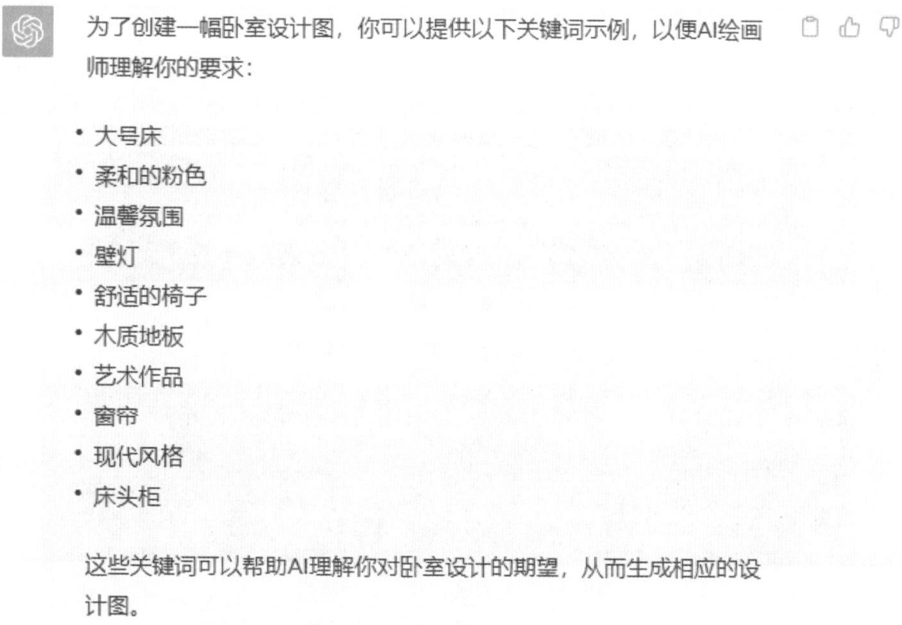

为了创建一幅卧室设计图，你可以提供以下关键词示例，以便AI绘画师理解你的要求：

- 大号床
- 柔和的粉色
- 温馨氛围
- 壁灯
- 舒适的椅子
- 木质地板
- 艺术作品
- 窗帘
- 现代风格
- 床头柜

这些关键词可以帮助AI理解你对卧室设计的期望，从而生成相应的设计图。

图14-4　ChatGPT给出的AI绘画关键词

STEP 03 转换语言，进行翻译：让ChatGPT为我们提供翻译帮助，如在输入框中继续输入“请将这段AI绘画关键词翻译为英文”，ChatGPT给出回复，如图14-5所示。

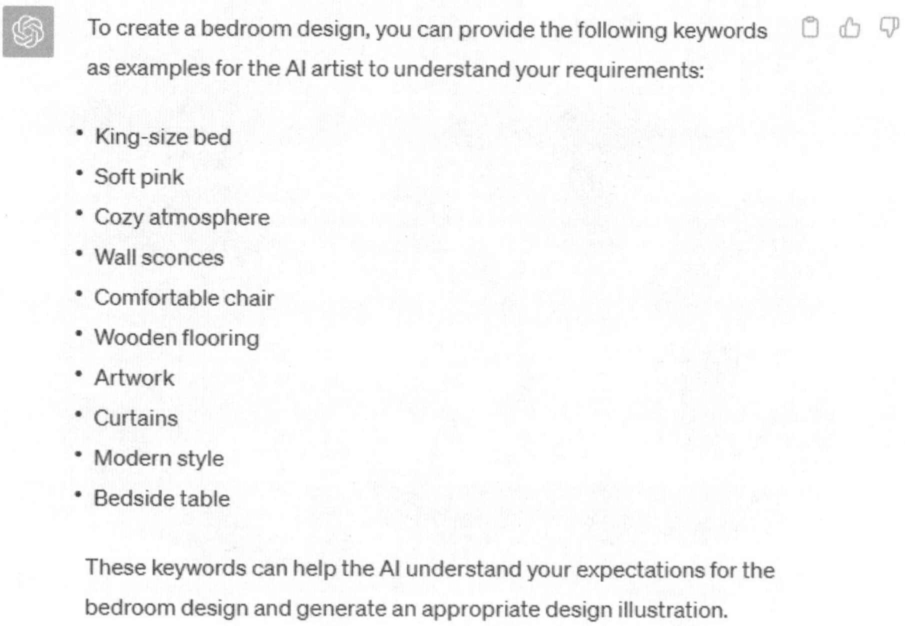

To create a bedroom design, you can provide the following keywords as examples for the AI artist to understand your requirements:

- King-size bed
- Soft pink
- Cozy atmosphere
- Wall sconces
- Comfortable chair
- Wooden flooring
- Artwork
- Curtains
- Modern style
- Bedside table

These keywords can help the AI understand your expectations for the bedroom design and generate an appropriate design illustration.

图14-5　ChatGPT提供翻译帮助

14.2.2 生成图像主体

用户将ChatGPT给出的AI绘画关键词输入至Midjourney中，便可以获得图片成品。Midjourney会响应指令生成多张室内场景图，为用户提供不同的设计灵感。下面将介绍具体的操作方法。

STEP 01 在Midjourney中调用imagine指令，输入相应的关键词，可以对关键词进行适当的修改，如图14-6所示。

图14-6 输入相应的关键词

STEP 02 在关键词的开头添加主语bedroom（卧室），如图14-7所示。

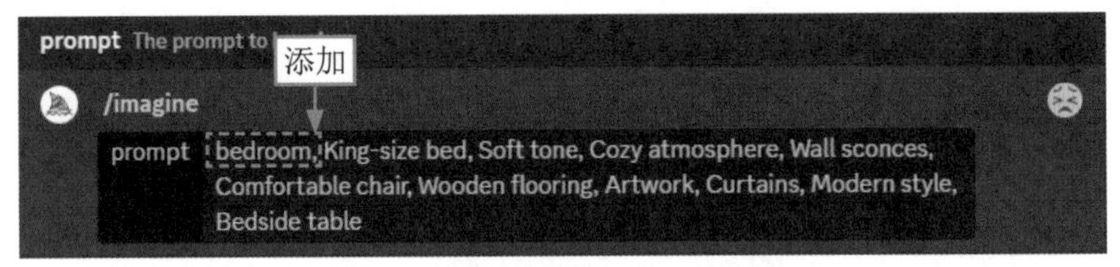

图14-7 在关键词开头添加主语

STEP 03 执行操作后，按Enter键确认，即可生成4张室内场景图，效果如图14-8所示。

图14-8 室内场景图

14.2.3 添加画面光线

在生成画面主体后，接下来给画面添加光线。光线在室内设计中起到至关重要的作用，可以改变空间的外观和氛围。根据设计的目标和所需的效果，选择适当的光线类型和参数非常重要。合理的光线安排可以强化室内场景的立体感，使其看起来更具深度和层次感。下面将介绍给画面添加光线的具体操作方法。

STEP 01 在14.2.2节中关键词的基础上添加关键词Warm light，给图像添加暖光效果，如图14-9所示。

图14-9 添加设置光线的关键词

STEP 02 执行操作后，按Enter键确认，即可生成添加暖光效果后的室内场景图，效果如图14-10所示。

图14-10 添加暖光效果后的室内场景图

14.2.4 设置图像参数

根据需要，可以调整图像的比例以适应不同的展示场景。例如，将一张图片调整为合适的尺寸以适应社交媒体封面、桌面背景或印刷海报。下面将介绍如何通过设置图像参数来改变图像的比例，并提升画面的清晰度。具体操作方法如下。

STEP 01 ▶ 在14.2.3节中关键词的后面添加关键词8K --ar 16:9，如图14-11所示。

图14-11　设置图像参数

STEP 02 ▶ 执行操作后，按Enter键确认，即可调整室内场景图的清晰度和尺寸，效果如图14-12所示。

图14-12　设置图像参数后的室内场景图

STEP 03 ▶ 在生成的4张图片中，选择其中合适的一张进行放大，例如这里选择第4张图片，单击U4按钮，如图14-13所示。

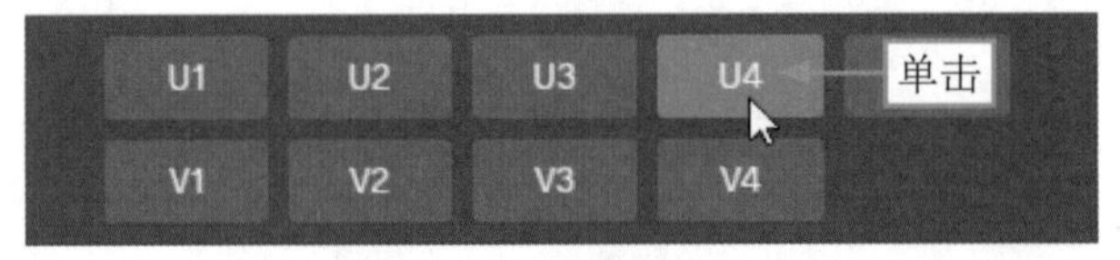

图14-13　单击U4按钮

STEP 04 ▶ 执行操作后，Midjourney将在第4张图片的基础上进行更加精细的刻画，并放大图片，效果如图14-14所示。

图14-14　图片放大效果

第15章 建筑设计：制作《欧式城堡》

使用AI可以快速分析大量的建筑数据、设计原则和先前的项目，以提供快速而精确的设计建议，这有助于加速设计过程，缩短项目的周期。AI可以根据客户的需求和偏好生成个性化的建筑设计，满足不同客户的独特要求。本章将详细介绍使用AI生成建筑设计的操作方法。

15.1 《欧式城堡》效果展示

建筑设计是一项复杂的创造过程，旨在规划、设计和构建各种建筑物。在进行建筑设计时，建筑设计师考虑建筑的外观和风格，以满足客户的审美需求。这包括建筑的形状、材料、色彩和装饰等方面的设计，设计的质量和成功与否与建筑师的创造性、专业知识和有效沟通能力密切相关。

在制作《欧式城堡》建筑设计图之前，首先来欣赏本案例的图片效果，并了解本案例的学习目标、制作思路、知识讲解和要点讲堂。

15.1.1 效果欣赏

《欧式城堡》建筑设计图片效果如图15-1所示。

图15-1 《欧式城堡》图片效果

15.1.2 学习目标

知识目标	掌握建筑设计图的生成方法
技能目标	（1）掌握生成画面主体的方法 （2）掌握补充画面细节的方法 （3）掌握指定画面色调的方法 （4）掌握设置图像参数的方法 （5）掌握指定艺术风格的方法 （6）掌握设置画面尺寸的方法
本章重点	指定画面色调
本章难点	指定艺术风格
视频时长	2分32秒

15.1.3 制作思路

本案例的制作首先要在Midjourney中生成画面主体，然后添加关键词补充画面细节，接下来指定画面色调，并设置图像参数、指定艺术风格，最后设置画面的尺寸。图15-2所示为本案例的制作思路。

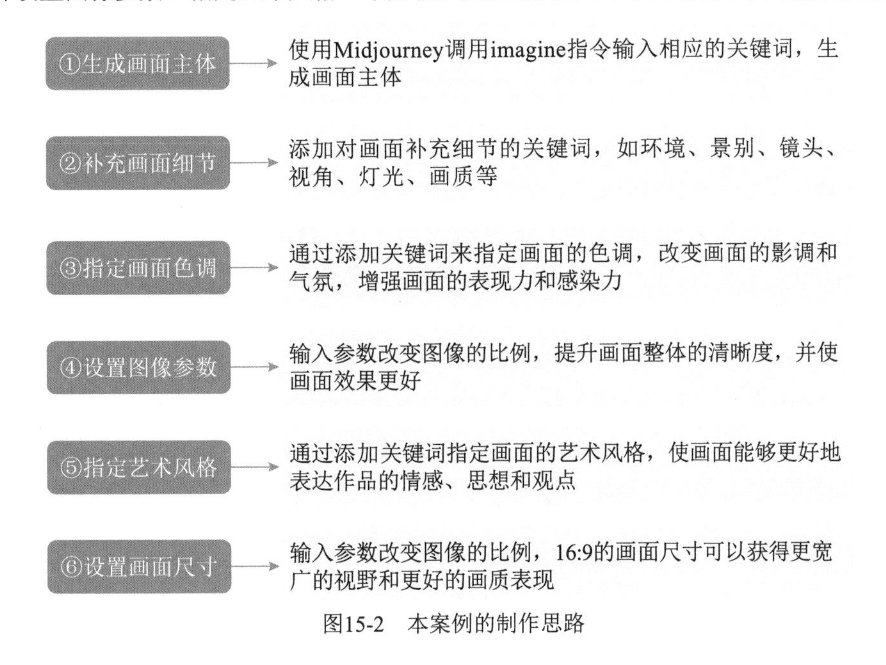

图15-2 本案例的制作思路

15.1.4 知识讲解

在使用AI生成建筑设计图时，首先要指定建筑的关键词，如建筑类型、风格、尺寸、材料等，这将有助于AI生成更符合要求的设计。AI可以根据指定的风格和主题生成建筑设计图，例如，可以要求AI生成现代、古典、未来主义或民族风格的建筑设计。

15.1.5 要点讲堂

色调是指整个照片的颜色、亮度和对比度的组合，可以在照片的后期处理中通过各种软件对画面色调进行调整，从而呈现出特定的效果和氛围感。

在AI绘画中，色调关键词的运用可以改变照片的情感表达和气氛，增强照片的表现力和感染力。因此，用户可以通过使用不同的色调关键词来加强或抑制不同颜色的饱和度和明度，以便更好地传达照片的主题思想和主体特征。下面介绍常用的色调。

❶ 亮丽色调（bright color tone）是一种明亮、高饱和度的色调。在AI绘画中，使用关键词bright color tone可以营造出充满活力、兴奋和温暖的氛围感，常常用于强调画面中的特定区域或主体等元素。

❷ 自然色调（natural tone）具有柔和、温馨等特点，在AI绘画中使用该关键词可以营造出身处大自然的感觉，令人联想到青草、森林或童年。关键词natural tone常用于生成自然风光或环境人像等AI绘画作品。

❸ 稳重色调（stable tone）可以营造出刚毅、坚定和高雅等视觉感受，适用于生成城市建筑、街道、科技场景等AI绘画作品。使用关键词stable tone能够突出画面中的大型建筑、桥梁和城市景观，让画面看起来更加稳重和成熟，同时还能够营造出高雅的气质，从而使照片更具美感和艺术性。

❹ 明亮色调（bright color）是指具有高饱和度和高亮度的颜色。这些颜色通常非常鲜艳，具有强烈的视觉冲击力。在设计和艺术中，明亮色调常常被用来吸引注意力、传达活力、表达兴奋或创造生动的视觉效果。

❺ 枫叶红色调（maple red）是一种富有高级感和独特性的暖色调，通常用来营造温暖、温馨、浪漫和优雅的氛围。在AI绘画中，使用关键词maple red可以使画面充满活力与情感。

❻ 霓虹色调（neon shades）是一种非常亮丽和夸张的色调，适用于生成城市建筑、潮流人像、音乐表演等AI绘画作品。关键词neon shades在AI绘画中常用于营造时尚、前卫和奇特的氛围，使画面极富视觉冲击力，从而给人留下深刻的印象。

在本案例中，主要使用柔和色调（soft tone）来对画面进行修饰。柔和色调具有较低的饱和度和亮度，通常表现为柔和、淡雅和轻盈的特质。这些颜色通常不会过于鲜艳，而是更加柔和和温和，通常带有一些灰色或淡色的成分，使它们看起来不那么明亮。

生成建筑设计图的主要方法为：首先在Midjourney中生成画面主体，然后添加关键词补充画面细节，接下来指定画面色调，并设置图像参数、指定艺术风格，最后设置画面尺寸。

15.2 《欧式城堡》制作流程

在进行AI绘画的过程中，用户可以通过调整参数和设置，对生成的图像进行优化和改进，使其更符合自己的需求和审美标准。本节将介绍使用Midjourney制作《欧式城堡》建筑设计图的基本流程，让读者对使用AI绘画的操作更加了解。

15.2.1 生成画面主体

扫码看视频

画面主体是指用户需要生成一个什么样的东西，在使用AI绘画时要把画面的主体内容描述清楚。我们可以通过Midjourney进行绘画，生成画面的主体效果图。具体操作方法如下。

STEP 01 ⋙ 在Midjourney中调用imagine指令，输入描述画面主体的关键词，如dream garden, dream castle

（大意为：梦幻花园，欧式城堡），如图15-3所示。

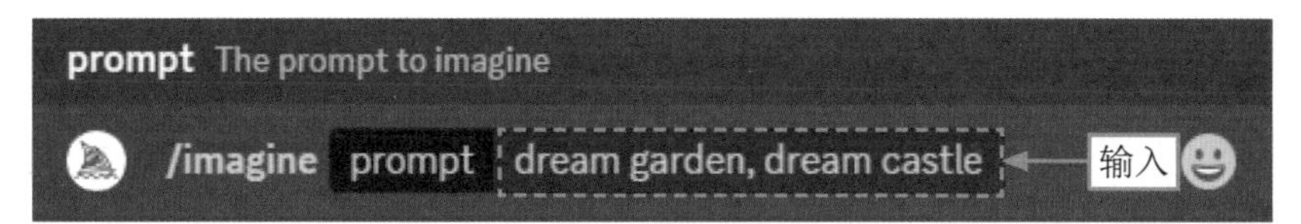

图15-3 输入描述画面主体的关键词

STEP 02 ▶▶ 按Enter键确认，生成相应画面主体效果，如图15-4所示。

图15-4 画面主体效果

15.2.2 补充画面细节

画面细节主要是指对主体的描述，如环境、景别、镜头、视角、灯光、画质等，补充画面细节可以让AI进一步理解你的想法。

在15.2.1节中关键词的基础上，增加一些画面细节的描述，例如garden near lake, Dream Gold Rose, Small pond, wide-angle lens, backlight, sun light, and ultra-high definition image quality（大意为：湖边花园，梦幻金玫瑰，有小池塘，广角镜头，逆光，太阳光线，影像品质），然后再次通过Midjourney生成图片效果。具体操作方法如下。

STEP 01 ▶▶ 在Midjourney中调用imagine指令，输入相应的关键词，如图15-5所示。

图15-5 输入描述画面细节的关键词

STEP 02 按Enter键确认，即可生成补充画面细节后的图片效果，如图15-6所示。

图15-6 补充画面细节后的图片效果

15.2.3 指定画面色调

在15.2.2节中关键词的基础上，适当调整关键词的顺序，然后指定画面色调，如添加关键词soft colors（大意为：柔和色调），最后通过Midjourney生成图片效果。具体操作方法如下。

STEP 01 在Midjourney中调用imagine指令，输入相应的关键词，如图15-7所示。

图15-7 输入指定画面色调的关键词

STEP 02 按Enter键确认，即可生成指定画面色调后的图片效果，如图15-8所示。

图15-8　指定画面色调后的图片效果

15.2.4　设置画面参数

设置画面的参数能够进一步调整画面细节。在15.2.3节中关键词的基础上，添加设置画面参数的关键词，如4K --chaos 60，让画面的细节更加真实。具体操作方法如下。

STEP 01 在Midjourney中调用imagine指令，输入相应的关键词，如图15-9所示。

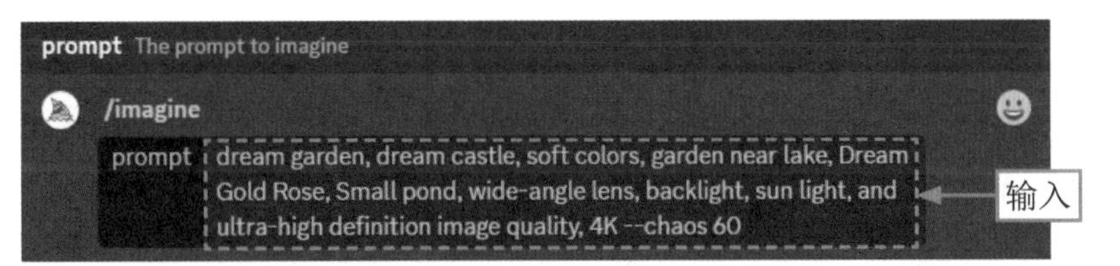

图15-9　输入设置画面参数的关键词

STEP 02 按Enter键确认，即可生成设置画面参数后的图片效果，如图15-10所示。

图15-10　设置画面参数后的图片效果

15.2.5　指定艺术风格

在AI绘画中指定作品的艺术风格，能够更好地表达作品的情感、思想和观点。在15.2.4节中关键词的基础上，增加指定艺术风格的关键词，如surrealism（超现实主义），然后通过Midjourney生成图片效果。具体操作方法如下。

STEP 01 在Midjourney中调用imagine指令，输入相应的关键词，如图15-11所示。

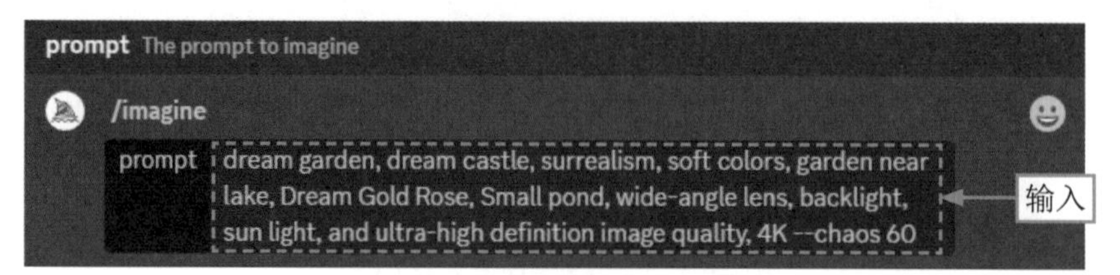

图15-11　输入指定艺术风格的关键词

STEP 02 按Enter键确认，即可生成指定艺术风格后的图片效果，如图15-12所示。

图15-12　指定艺术风格后的图片效果

15.2.6　设置画面尺寸

画面尺寸的选择直接影响到画作的视觉效果，比如16:9的画面尺寸可以获得更宽广的视野和更好的画质表现，而9:16的画面尺寸则适合展示人像的全身照。在15.2.5节中关键词的基础上设置相应的画面尺寸，如增加关键词--ar 16:9，然后通过Midjourney生成图片效果。具体操作方法如下。

STEP 01 在Midjourney中调用imagine指令，输入相应的关键词，如图15-13所示。

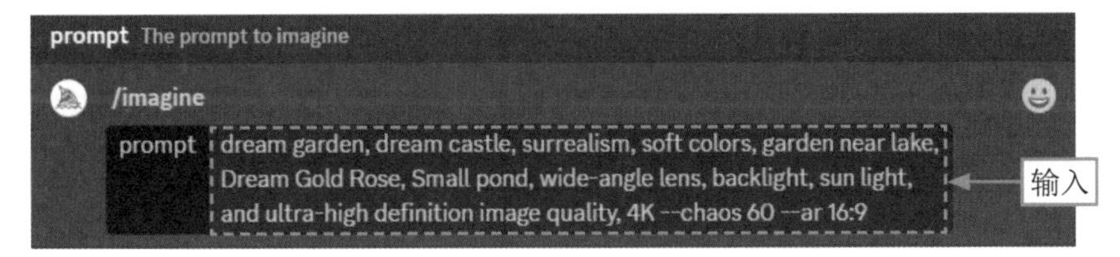

图15-13　输入设置画面尺寸的关键词

STEP 02 按Enter键确认，即可生成设置画面尺寸后的图片效果，如图15-14所示。

图15-14　设置画面尺寸后的图片效果

STEP 03 单击U3按钮，随后Midjourney将在第3张图片的基础上进行更加精细的刻画，并放大图片，效果如图15-15所示。

图15-15　图片放大效果

第16章 电影海报：制作《星际穿梭》

使用AI可以迅速分析电影的内容、风格和受众，然后生成多种不同的电影海报设计方案。这有助于电影制片人和营销团队在短时间内选择最具吸引力和有效果的设计，不再需要花费大量时间和资源来手工设计海报，从而加速宣传策略的制定。本章将详细介绍使用AI生成电影海报的操作方法。

16.1 《星际穿梭》效果展示

电影海报是电影宣传的一个重要工具，通常是一幅图像或海报，用于吸引观众的注意力，激发观众的兴趣，传达电影的主题、情感和关键信息，从而达到宣传和促销电影的目的。电影海报的设计是一门艺术和科学，需要专业的平面设计师和营销专家来合作完成，而如今使用AI技术就可以快速生成所需要的电影海报。

在制作《星际穿梭》电影海报之前，首先来欣赏本案例的图片效果，并了解本案例的学习目标、制作思路、知识讲解和要点讲堂。

16.1.1 效果欣赏

《星际穿梭》电影海报图片效果如图16-1所示。

图16-1 《星际穿梭》图片效果

16.1.2 学习目标

知识目标	掌握电影海报的生成方法
技能目标	（1）掌握绘制主体的方法 （2）掌握添加背景的方法 （3）掌握设置景别的方法 （4）掌握调整风格的方法 （5）掌握设置参数的方法 （6）掌握添加文案的方法
本章重点	设置画面景别
本章难点	调整画面风格
视频时长	3分41秒

16.1.3 制作思路

本案例的制作首先要在Midjourney中绘制海报主体，然后给画面添加背景，接下来设置景别，并调整艺术风格、设置图像参数，最后给海报添加文案。图16-2所示为本案例的制作思路。

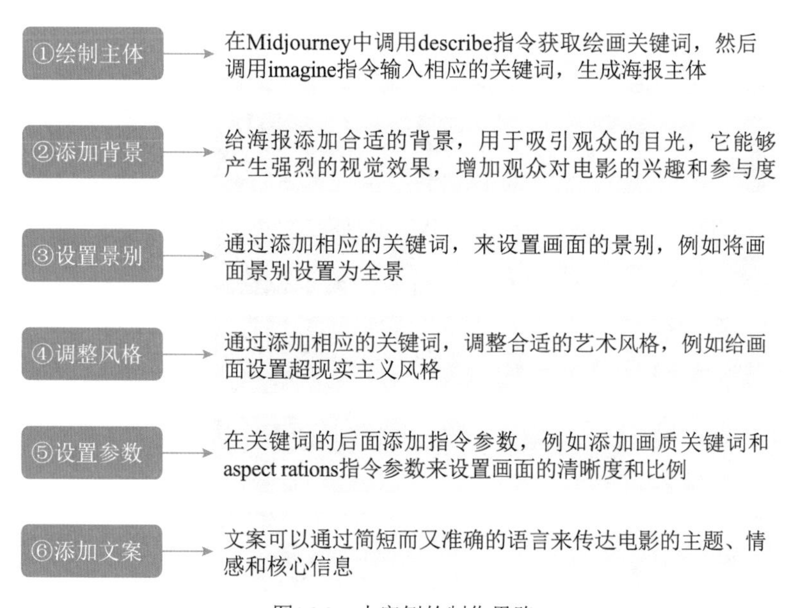

图16-2 本案例的制作思路

16.1.4 知识讲解

在使用AI生成电影海报时要注意，海报的设计应该具有视觉吸引力，能够引起观众的兴趣，这需要仔细选择图像、颜色和排版。使用AI生成电影海报还需要综合考虑多个方面，包括审美、宣传和观众需求，以确保最终的海报能够成功吸引观众并有效地宣传电影。

16.1.5 要点讲堂

在本案例中用到了--quality（简写为--q）指令，在关键词后面添加该指令，可以改变图片生成的质量。但是，生成高质量的图片需要更长的时间来处理细节。更高质量的图片意味着每次生成时耗费的

GPU（Graphics Processing Unit，图形处理器）分钟数也会增加。quality值越低，生成的图像细节越少；反之，生成的图像细节越丰富。

生成电影海报的主要方法为：首先在Midjourney中绘制海报的主体，然后给画面添加背景，接下来设置景别，并调整艺术风格、设置图像参数，最后给海报添加文案。

16.2 《星际穿梭》制作流程

海报是传达关键信息的有效工具，通过吸引人的设计、图像和文字，能够引起观众的注意，精心设计的海报能够激发观众兴趣，引起观众的好奇心。本节将介绍使用Midjourney制作电影宣传海报的操作技巧。

16.2.1 绘制主体

在Midjourney中使用以图生文的功能生成合适的关键词，然后再使用生成的关键词生成海报主体。下面介绍具体的操作方法。

STEP 01 在Midjourney中输入“/”，在弹出的列表框中选择describe指令，如图16-3所示。

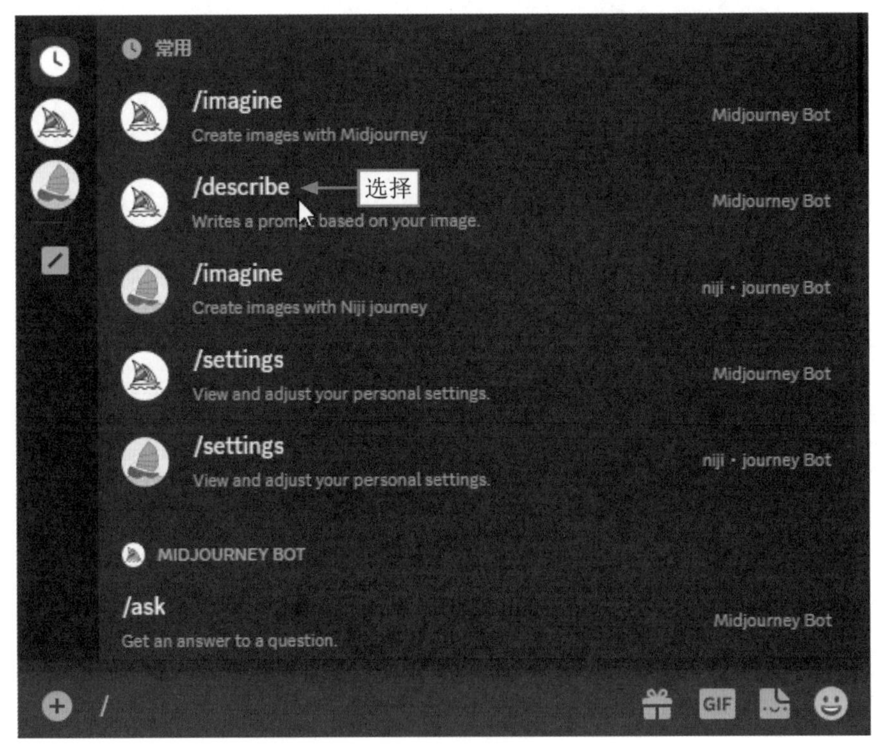

图16-3 选择describe指令

STEP 02 执行操作后，单击“上传”按钮，如图16-4所示。

STEP 03 弹出“打开”对话框，选择合适的图片，然后单击“打开”按钮，如图16-5所示。

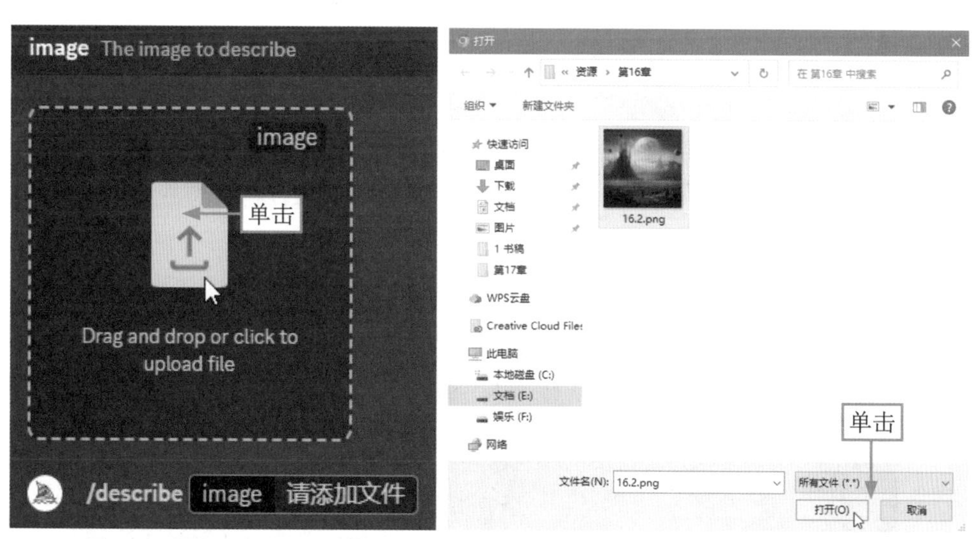

图16-4　单击“上传”按钮

图16-5　单击“打开”按钮

STEP 04 执行操作后，即可将素材进行上传，按Enter键确认，Midjourney将以上传的图片为模板，生成4组相关的关键词，如图16-6所示。

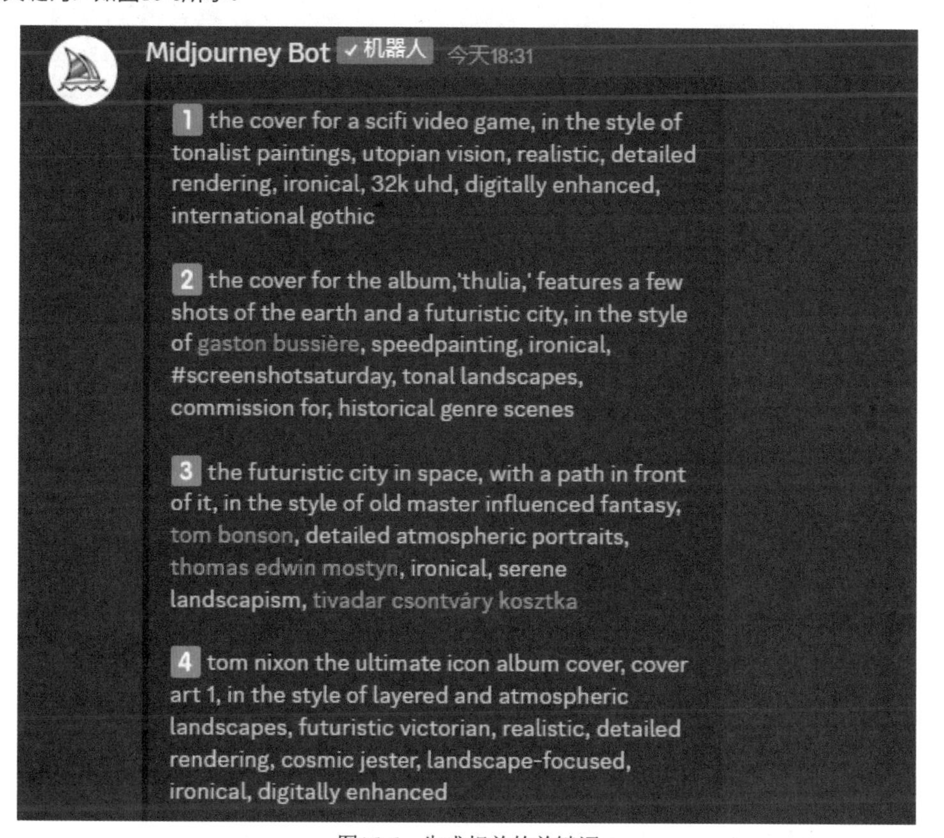

图16-6　生成相关的关键词

STEP 05 从生成的关键词中，选择其中合适的一组，例如选择第一组关键词，输入到imagine指令的后面，如图16-7所示。

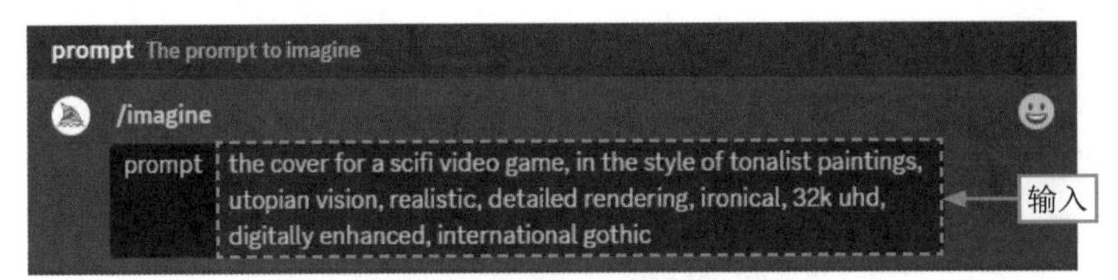

图16-7 输入相应的关键词

STEP 06 按Enter键确认，Midjourney将按照关键词生成相应的海报主体，效果如图16-8所示。

图16-8 海报主体效果

16.2.2 添加背景

给海报添加合适的背景，用于吸引观众的目光，它能够产生强烈的视觉效果，增加观众对电影的兴趣和参与度，激发观众的想象力和探索欲望。下面介绍具体的操作方法。

STEP 01 在16.2.1节中关键词的基础上添加关键词science fiction background（大意为：科幻小说背景），如图16-9所示。

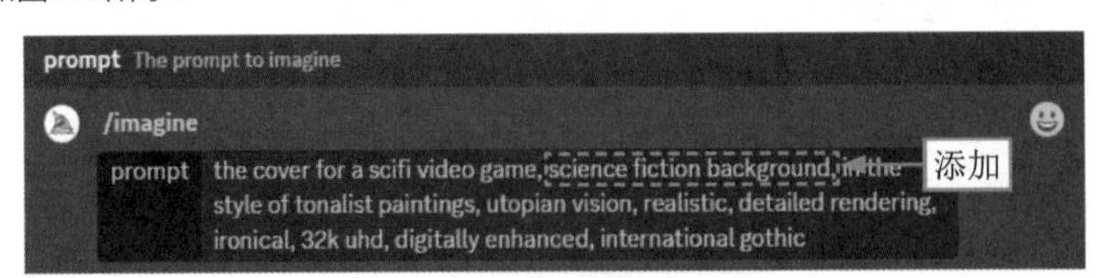

图16-9 添加描述背景的关键词

STEP 02 >>> 按Enter键确认，即可为海报添加背景，如图16-10所示。

图16-10　添加背景后的海报效果

16.2.3　设置景别

全景景别可以使观众更好地了解主体的形态和特点，并进一步感受到主体的气质与风貌。下面介绍设置景别的操作方法。

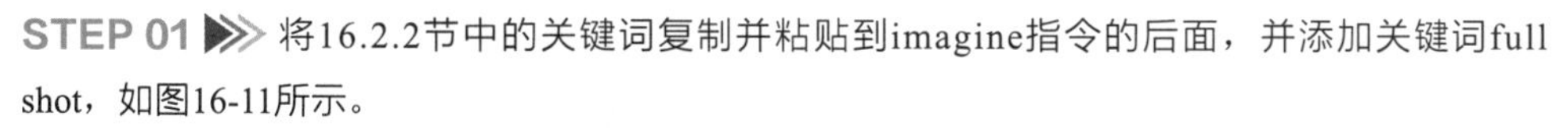

STEP 01 >>> 将16.2.2节中的关键词复制并粘贴到imagine指令的后面，并添加关键词full shot，如图16-11所示。

图16-11　添加设置景别的关键词

STEP 02 >>> 按Enter键确认，即可为海报设置全景景别，效果如图16-12所示。

图16-12　设置全景景别后的海报效果

16.2.4　调整风格

将超现实主义风格应用于科幻电影海报的设计中可以创造出令人印象深刻和引人入胜的效果。下面介绍具体的操作方法。

STEP 01 将16.2.3节中的关键词复制并粘贴到imagine指令的后面，并添加关键词Surrealist style（超现实主义风格），如图16-13所示。

图16-13　添加调整风格的关键词

STEP 02 按Enter键确认，即可调整海报的艺术风格，效果如图16-14所示。

图16-14 调整风格后的海报效果

16.2.5 设置参数

扫码看视频

通过在关键词中添加指令参数来给生成的海报设置高清画质和3:4的画面比例。下面介绍具体的操作方法。

STEP 01 在16.2.4节中关键词的末尾添加指令参数4K --ar 3:4，如图16-15所示。

图16-15 添加设置参数的关键词

STEP 02 按Enter键确认，即可设置海报的画质和比例，效果如图16-16所示。

图16-16 设置画质和比例后的海报效果

STEP 03 ▶ 在生成的4张图片中，选择其中合适的一张进行放大，这里选择第4张图片，单击U4按钮，如图16-17所示。

U1 U2 U3 U4 单击
V1 V2 V3 V4

图16-17 单击U4按钮

STEP 04 ▶ 执行操作后，Midjourney将在第4张图片的基础上生成更多的细节并放大图片，效果如

图16-18所示。

图16-18　图片放大效果

STEP 05 将图片在浏览器中打开，然后在图片上单击鼠标右键，在弹出的快捷菜单中选择“图片另存为”命令，如图16-19所示，将图片保存到合适位置。

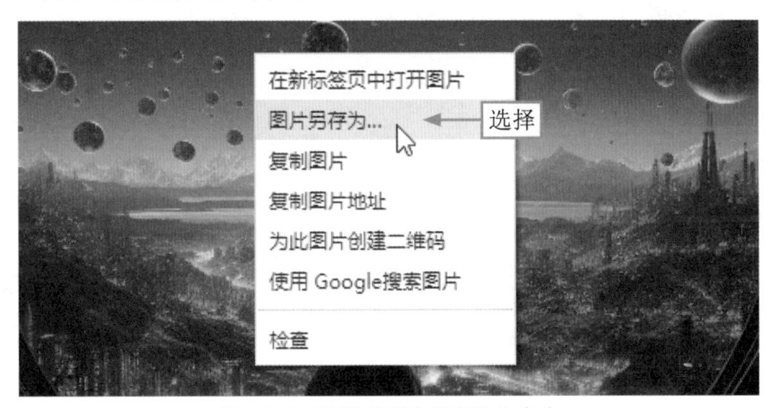

图16-19　选择“图片另存为”命令

16.2.6 添加文案

电影海报上的文案可以传达电影的主题、情感和核心信息。它可以帮助观众了解电影的基本情节和情感，从而决定是否观看。添加文案后的效果如图16-20所示。

图16-20 添加文案后的海报效果

第17章 虚拟模特：制作《衬衫模特》

使用AI可以迅速创建各种不同风格、造型和肤色的虚拟模特。这可以使时尚设计师和品牌设计师能够更灵活地表达他们的创意，满足不同市场和受众的需求。使用AI生成虚拟模特，能够不受限于实际模特的外貌和特点，创作者可以创造出独特和引人注目的形象，从而吸引更广泛的受众。本章将详细介绍使用AI生成虚拟模特的操作方法。

17.1《衬衫模特》效果展示

虚拟模特是一种数字或计算机生成的虚拟角色或人物，通常用于时尚、美容、广告、社交媒体和虚拟世界等领域中的推广、宣传和表演。虚拟模特不同于传统的现实世界中的模特，他们是由计算机程序或艺术家创建的数字实体，可以通过计算机图形技术进行操控和编辑。虚拟模特与传统的广告模特一样，是品牌宣传和市场营销的一部分。

在制作《衬衫模特》虚拟模特之前，首先来欣赏本案例的图片效果，并了解本案例的学习目标、制作思路、知识讲解和要点讲堂。

17.1.1 效果欣赏

《衬衫模特》虚拟模特图片效果如图17-1所示。

图17-1 《衬衫模特》图片效果

17.1.2 学习目标

知识目标	掌握虚拟模特的生成方法
技能目标	（1）掌握生成关键词的方法 （2）掌握生成模特主体的方法 （3）掌握添加图像背景的方法 （4）掌握设置图像参数的方法 （5）掌握人像换脸的方法
本章重点	添加图像背景
本章难点	掌握人像换脸
视频时长	3分54秒

17.1.3 制作思路

本案例的制作首先要在ChatGPT中生成模特的相关关键词，然后使用Midjourney生成模特主体，接下来添加图像背景，并设置图像参数，最后使用InsightFaceSwap插件对模特进行人像换脸。图17-2所示为本案例的制作思路。

图17-2 本案例的制作思路

17.1.4 知识讲解

在使用AI生成虚拟模特时要注意人体各部分之间的比例关系，如头部、身体、手臂、腿部等，不正确的比例会使绘制的人物看起来不真实，而利用光线和阴影对图像进行润色，可以增强画面的整体效果。

17.1.5 要点讲堂

在本案例中用到了InsightFaceSwap插件中的人像换脸功能。InsightFaceSwap是一款专门针对人像处理的Discord官方插件，它能够批量且精准地替换人物的脸部图，同时不会改变图片中的其他内容，用户可以使用InsightFaceSwap插件来对模特的脸部图进行一键更换。

生成虚拟模特的主要方法为：首先在ChatGPT中生成模特的关键词，然后使用Midjourney生成模特主体，接下来添加图像背景，并设置图像参数，最后使用InsightFaceSwap插件对模特进行人像换脸。

17.2 《衬衫模特》制作流程

模特在广告中扮演着形象代言人的角色，通过实际穿着或使用商品的方式，展示商品的特点和优势，与其他竞争商品形成差异化，提高品牌的竞争力。本节将介绍虚拟模特的制作流程。

17.2.1 生成关键词

我们可以直接在ChatGPT中输入提示词，来获取虚拟模特的形象关键词。下面介绍具体的操作方法。

STEP 01 设计形象，描述外观：在ChatGPT中输入“请为我设计一个穿着衬衫的虚拟模特形象，要着重对服装和模特的外观进行描述，要求200字以内”，ChatGPT给出的回答如图17-3所示。

这位虚拟模特穿着一件灰色的衬衫，衬衫款式是修身剪裁，突显她苗条的身材。衬衫的面料质感光滑，轻盈而舒适，适合不同季节的穿着。前襟采用隐形扣设计，展现出现代感。

衬衫的颜色是深灰色，与她的深色眸子相得益彰，给人一种冷静和自信的印象。她的领口修长而优雅，微微敞开，展现出颈部的线条。袖口精致，略微收拢，营造出整洁而时尚的效果。

模特搭配了一条高腰黑色西装裤，裤腿修长，突显她的修长身材。腰部系着一根简约的皮带，增加了整体造型的时尚感。她的鞋子是一双黑色细高跟鞋，让她的步伐更加自信。

她的发型是中分的长发，自然地披在肩上，微微卷曲的发梢增加了柔和感。妆容淡雅，突出她清秀的面庞，唇色自然。

这位虚拟模特的整体形象充满了优雅和自信，衬衫搭配西装裤的组合展现了她职场女性的魅力，让人印象深刻。

图17-3 ChatGPT给出的虚拟模特形象

STEP 02 整合分析，关键提示：继续输入“请整合上述内容，提供一个衬衫模特形象的AI绘画关键词示例，字数在50字以内”，ChatGPT给出具体的回答，如图17-4所示。

灰色修身衬衫，隐形扣，细长的领口，黑色高腰裤，细高跟鞋，中分长发，淡雅妆容，自信优雅。

图17-4 ChatGPT给出具体的AI绘画关键词

STEP 03 转换语言，进行翻译：让ChatGPT为我们提供翻译帮助，如在其输入框中继续输入“请将这段AI绘画关键词翻译为英文”，ChatGPT给出回复，如图17-5所示。

Grey slim fitting shirt, invisible buttons, slender neckline, black high waisted pants, slim high heels, mid length hair, elegant makeup, and confident temperament

图17-5 ChatGPT提供翻译帮助

17.2.2 生成模特主体

在Midjourney中使用ChatGPT提供的关键词，生成模特的主体。下面介绍具体的操作方法。

STEP 01 在Midjourney中调用imagine指令，输入ChatGPT提供的关键词，如图17-6所示。

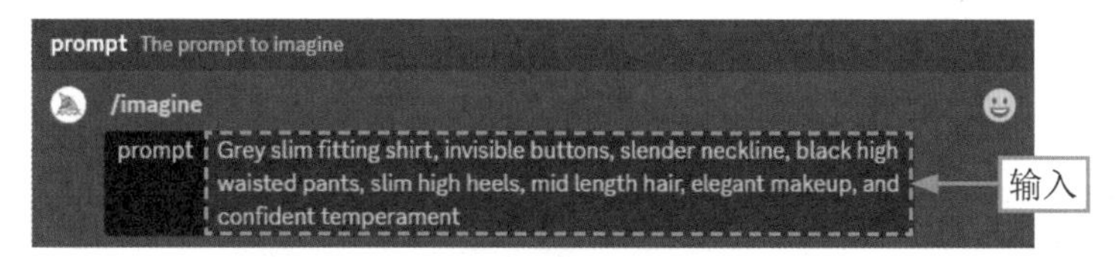

图17-6　输入相应的关键词

STEP 02 执行操作后，按Enter键确认，即可生成衬衫模特图，效果如图17-7所示。

图17-7　衬衫模特效果图

17.2.3 添加图像背景

在生成模特主体后，接下来可以添加一个背景。在17.2.2节中关键词的基础上添加Living room, sofa, desk（大意为：客厅，沙发，书桌）。下面介绍具体的操作方法。

STEP 01 ▶▶ 调用imagine指令输入相应的关键词，如图17-8所示。

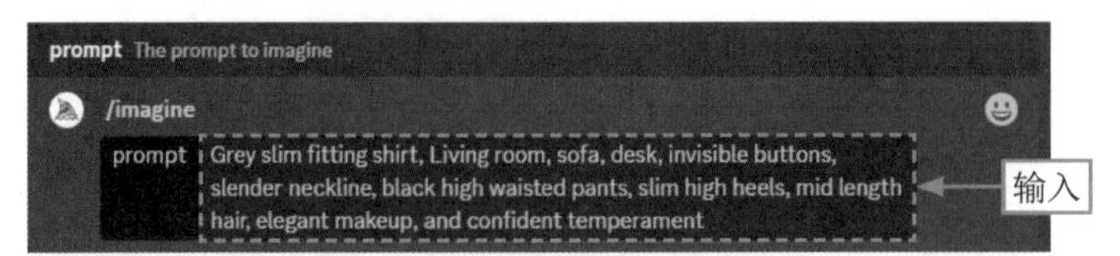

图17-8　输入描述背景的关键词

STEP 02 ▶▶ 执行操作后，按Enter键确认，即可为图像添加背景，效果如图17-9所示。

图17-9　添加背景后的图像效果

17.2.4　设置图像参数

给图像设置参数，改变图像的比例。在17.2.3节中关键词的后面添加--ar 3:4，设置画面比例使画面效果更加出色。下面介绍具体的操作方法。

STEP 01 ▶▶ 调用imagine指令输入相应的关键词，如图17-10所示。

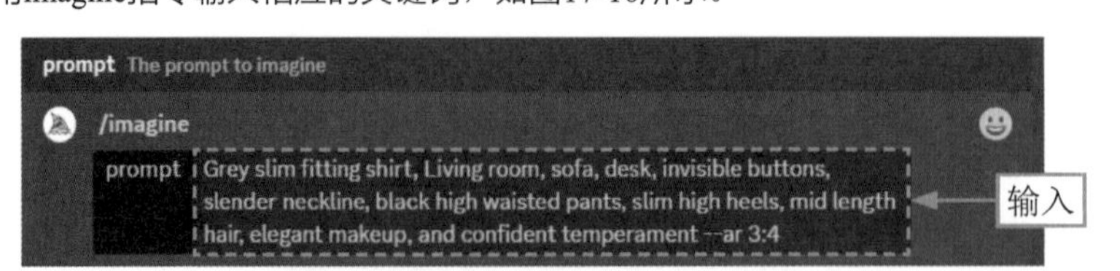

图17-10　输入设置画面比例的关键词

STEP 02 执行操作后，按Enter键确认，即可改变图像的比例，效果如图17-11所示。

图17-11　改变比例后的图像效果

STEP 03 在生成的4张图片中，选择其中合适的一张进行放大，例如这里选择第1张图片，单击U1按钮，如图17-12所示。

图17-12　单击U1按钮

STEP 04 执行操作后，Midjourney将在第1张图片的基础上进行更加精细的刻画，并放大图片，效果如图17-13所示。

图17-13　图片放大效果

17.2.5　进行人像换脸

扫码看视频

在得到衬衫模特的最终效果图后，接下来介绍利用InsightFaceSwap协同Midjourney进行人像换脸的操作方法。

STEP 01 在Midjourney下面的输入框中输入"/"，在弹出的列表框中，单击左侧的InsightFaceSwap图标，如图17-14所示。

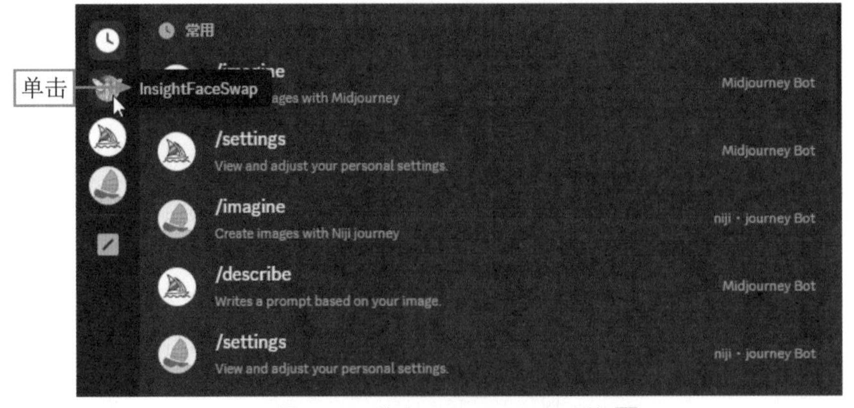

图17-14　单击InsightFaceSwap图标

STEP 02 执行操作后，在列表框中选择saveid（保存ID）指令，如图17-15所示。

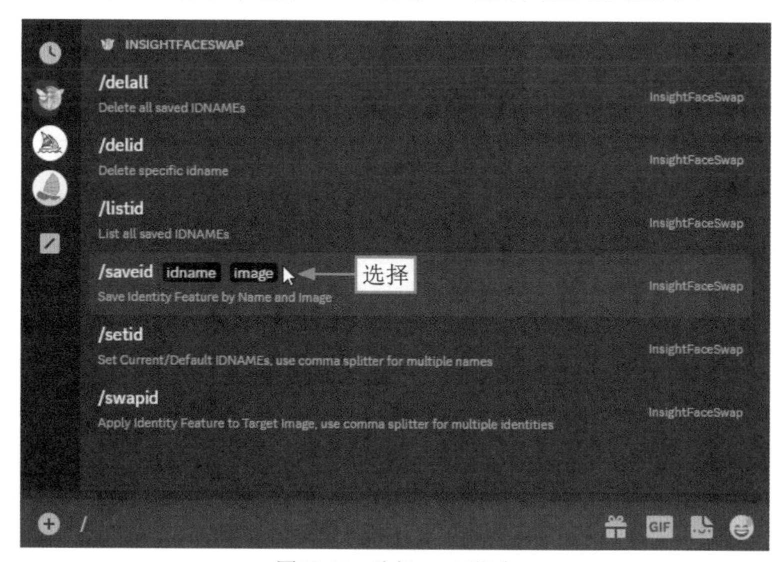

图17-15　选择saveid指令

STEP 03 输入相应的idname（身份名称），如图17-16所示。idname可以为任意8位以内的英文字符和数字。

STEP 04 单击"上传"按钮，上传一张面部清晰的人物图片，如图17-17所示。

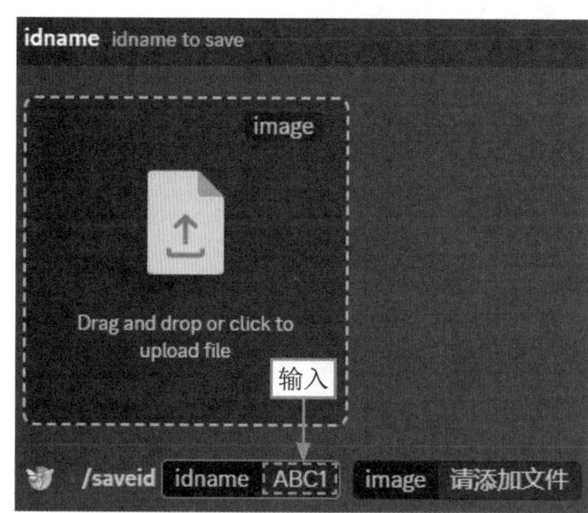

图17-16　输入相应的idname

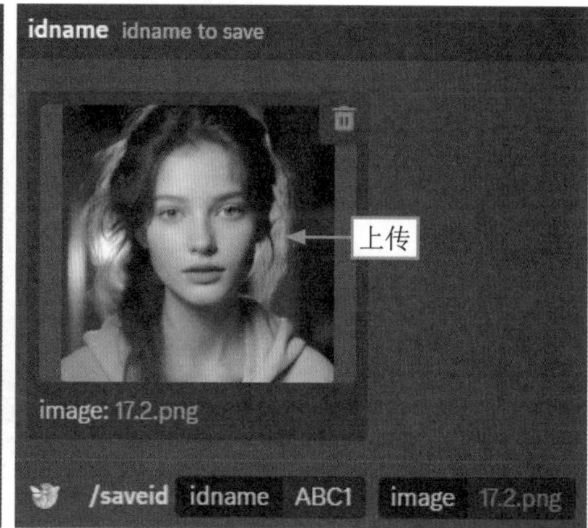

图17-17　上传一张人物图片

STEP 05 按Enter键确认，即可成功创建idname，如图17-18所示。

图17-18　成功创建idname

STEP 06 再次在输入框中输入“/”，单击InsightFaceSwap图标，然后在弹出的列表框中选择swapid（换脸）指令，如图17-19所示。

STEP 07 输入刚才创建的idname，并上传17.2.4节中生成的模特效果图，如图17-20所示。

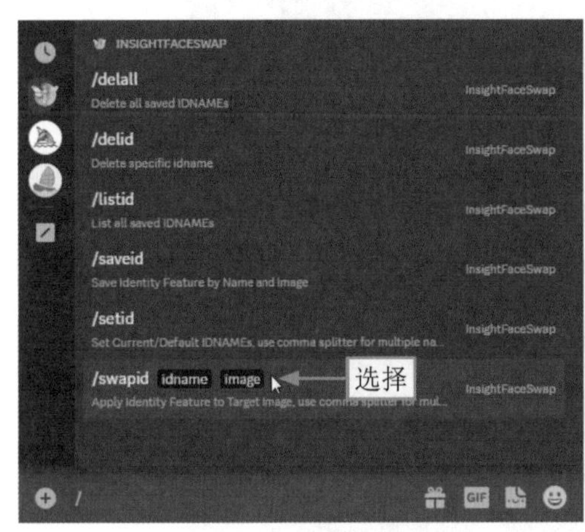

图17-19 选择swapid指令

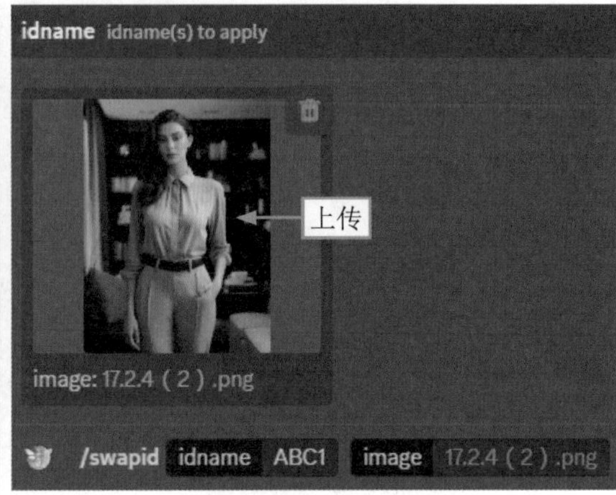

图17-20 上传模特效果图

STEP 08 按Enter键确认，即可调用InsightFaceSwap替换底图中的人脸，效果如图17-21所示。

图17-21 换脸成功后的效果

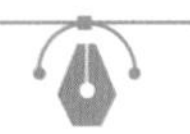

专家指点

要使用InsightFaceSwap插件，用户需要先邀请InsightFaceSwap Bot到自己的服务器中，具体的邀请链接可以通过百度搜索。

另外，用户可以使用listid（列表ID）指令来列出目前已注册的所有idname，注意总数不能超过50个。同时，用户也可以使用delid（删除ID）指令和delall（删除所有ID）指令来删除已注册的idname。

第18章 影视特效：制作《粒子火花》

AI可以用于生成各种视觉特效，提供更逼真、更令人惊叹的视觉效果，使影片更具吸引力。AI生成影视特效的应用提升了电影和电视制作的创造性和技术的先进性，它可以为创作者节省时间和成本，同时也为创作者提供了更多的创作灵感和创作可能性。本章将详细介绍使用AI生成影视特效的操作方法。

18.1 《粒子火花》效果展示

影视特效是指在电影、电视剧、广告等影视作品中使用的一种虚假视觉效果，是通过计算机生成图像、数字合成、模型制作、动画等手段，为观众呈现出的无法通过常规拍摄或现实场景实现的视觉效果。

在制作《粒子火花》影视特效之前，首先来欣赏本案例的图片效果，并了解本案例的学习目标、制作思路、知识讲解和要点讲堂。

18.1.1 效果欣赏

《粒子火花》影视特效图片效果如图18-1所示。

图18-1 《粒子火花》图片效果

18.1.2 学习目标

知识目标	掌握影视特效的生成方法
技能目标	（1）掌握生成关键词的方法 （2）掌握生成特效的方法 （3）掌握添加特效场景的方法 （4）掌握设置图像参数的方法 （5）掌握生成其他特效的方法
本章重点	添加特效场景
本章难点	生成其他特效
视频时长	3分56秒

18.1.3 制作思路

本案例的制作首先要在ChatGPT中生成特效关键词，然后使用Midjourney生成特效，接下来添加特效场景，并设置图像参数。图18-2所示为本案例的制作思路。

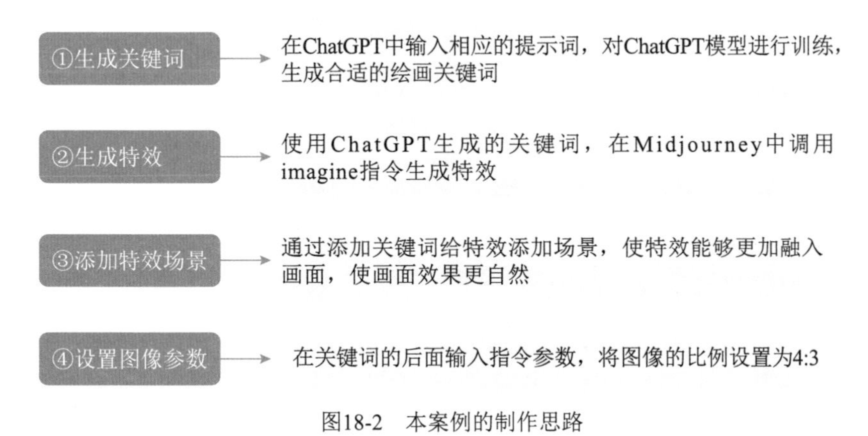

图18-2 本案例的制作思路

18.1.4 知识讲解

在使用AI生成影视特效时，可以添加细节描述方面的关键词，例如添加关键词countless tiny particle elements（无数微小的颗粒元素），即可使特效的效果更加出色，提升画面的细节。

18.1.5 要点讲堂

在本案例中用到了Midjourney中的quality（质量）指令，在关键词后面添加--quality（简写为--q）指令，可以改变图片生成的质量。但是，生成高质量的图片需要更长的时间来处理细节。更高质量的图片意味着每次生成时耗费的GPU分钟数也会增加。

生成影视特效的主要方法为：首先在ChatGPT中生成特效的关键词，然后使用Midjourney生成特效，接下来添加特效场景，最后设置图像参数，提升画面质量。

18.2 《粒子火花》制作流程

粒子特效（particle effects）是一种利用计算机图形技术制作出的视觉效果，用于模拟和呈现粒子或小颗粒在虚拟环境中的行为。这些粒子可以代表各种物质，如火焰、烟雾、水滴、火花、爆炸碎片等，以及各种自然现象或动态效果。本节将介绍如何使用AI生成粒子火花特效。

18.2.1 生成关键词

扫码看视频

在生成特效前，可以先使用ChatGPT来获取粒子火花特效的关键词。下面介绍具体的操作方法。

STEP 01 提出要求，描述外貌：在ChatGPT的输入框中输入“请向我描述粒子火花特效的外貌，字数在200字以内”，ChatGPT给出的回答如图18-3所示。

粒子火花特效是一种令人惊叹的视觉效果，常常用于电影、视频游戏和实时图形展示中。它们呈现出一种独特的外貌，让观众沉浸其中。这些特效通常表现为细小的亮点或碎片，具体特征如下：

首先，粒子火花特效是由成千上万个微小的、发光的粒子组成的。这些粒子可以呈现出各种形状，如星星、点状、线状或涡旋状。

其次，粒子火花的颜色多种多样，通常取决于情境。它们可以是明亮的橙色、红色、黄色，也可以是冷色调的蓝色、绿色或紫色，甚至是透明的。

粒子火花特效常常在黑暗背景上表现得更为出色，因为它们的亮度和对比度更高。

这些特效通常伴随着流动和运动，可能会沿着特定的路径或轨迹移动，也可能会随机散布在画面中，营造出一种生动、动感的效果。

总的来说，粒子火花特效以其华丽的外观、多样的颜色和流动的动态性，为视觉呈现增添了独特的魅力，使得观众能够沉浸在令人惊叹的视觉盛宴之中。

图18-3　ChatGPT描绘粒子火花特效

STEP 02 整合分析，指令示例：继续输入“请整合上述内容，提供一个粒子火花特效的AI绘画关键词示例，字数在50字以内”，随后ChatGPT将给出具体的回答，如图18-4所示。

粒子火花：微小的发光粒子，多彩、流动、在黑暗背景上炫目绽放，电影、游戏、图形中令人惊叹的特效。

图18-4　ChatGPT给出具体的AI绘画关键词

STEP 03 转换语言，进行翻译：让ChatGPT为我们提供翻译帮助，如在其输入框中继续输入“请将这段AI绘画关键词翻译为英文”，ChatGPT给出回复，如图18-5所示。

Particle Sparks: Tiny glowing particles, colorful, flowing, dazzling against a dark background, stunning effects in movies, games, and graphics.

图18-5　ChatGPT提供翻译帮助

18.2.2 生成特效

在Midjourney中使用ChatGPT提供的关键词，生成特效的基础效果。下面将介绍具体的操作方法。

STEP 01 在Midjourney中调用imagine指令，输入ChatGPT提供的关键词，如图18-6所示。

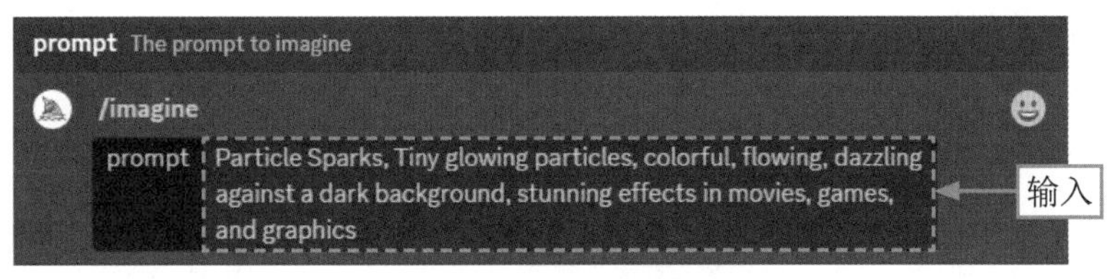

图18-6 输入相应的关键词

STEP 02 执行操作后，按Enter键确认，即可生成粒子火花特效，效果如图18-7所示。

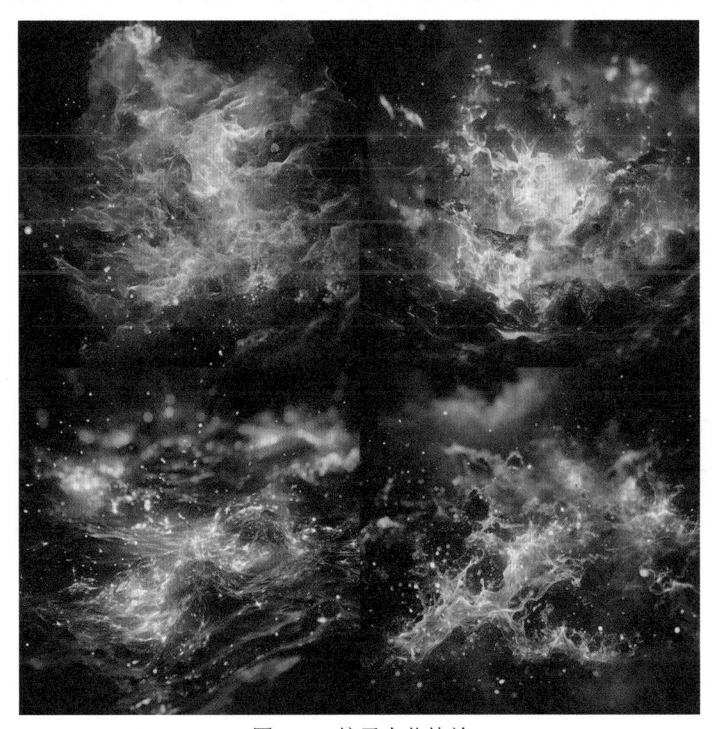

图18-7 粒子火花特效

18.2.3 添加特效场景

在生成了粒子火花特效的基本效果后，可以通过添加关键词来对特效添加场景。下面将介绍具体的操作方法。

STEP 01 在18.2.2节中关键词的基础上添加关键词Forest Scenes（森林场景），如图18-8所示。

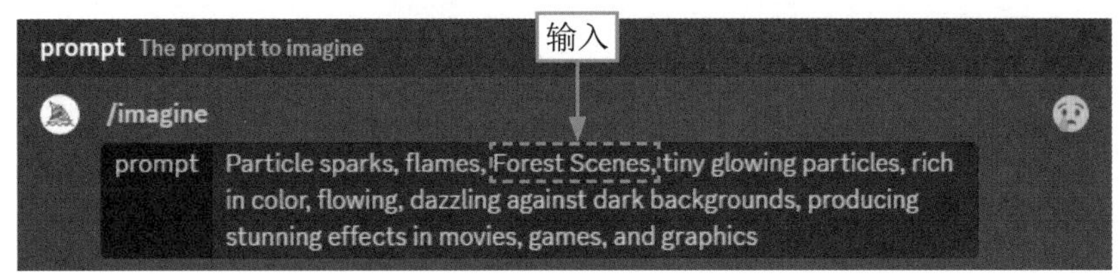

图18-8 添加描述场景的关键词

STEP 02 ▶▶ 执行操作后，按Enter键确认，即可对特效添加场景，效果如图18-9所示。

图18-9　添加场景后的效果

18.2.4　设置图像参数

在给粒子火花特效添加场景后，接下来设置图像参数。调用imagine指令输入相应关键词，并在关键词的结尾处加上quality指令和aspect rations指令，改变图像的质量和比例。下面将介绍具体的操作方法。

STEP 01 ▶▶ 在Midjourney中调用imagine指令，输入18.2.3节中的关键词，然后在关键词的结尾处添加指令参数--quality .25 --ar 4:3，如图18-10所示。

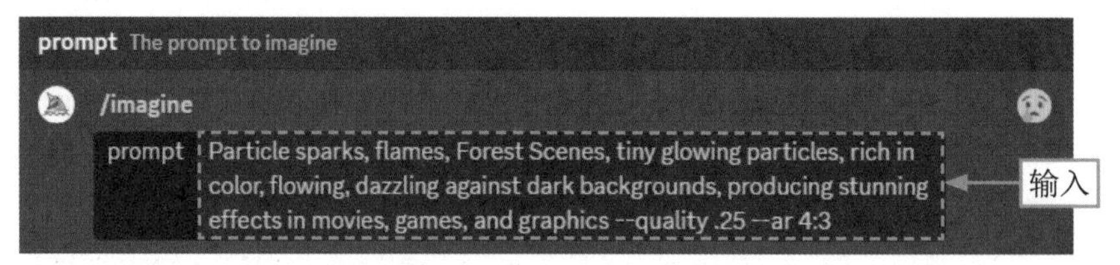

图18-10　添加指令参数

STEP 02 ▶▶ 执行操作后，按Enter键确认，即可以最快的速度生成最不详细的图片效果，可以看到特效的细节比较粗糙，画面也较为模糊，如图18-11所示。

图18-11　比较粗糙的特效

STEP 03 ▶▶ 继续调用imagine指令输入相同的关键词，并在关键词的结尾处加上--quality 1指令，即可生成有更多细节的特效，如图18-12所示。

图18-12　有更多细节的特效

STEP 04 ▶▶ 在生成的4张图片中，选择其中合适的一张进行放大，例如这里选择第4张图片，单击U4按钮，如图18-13所示。

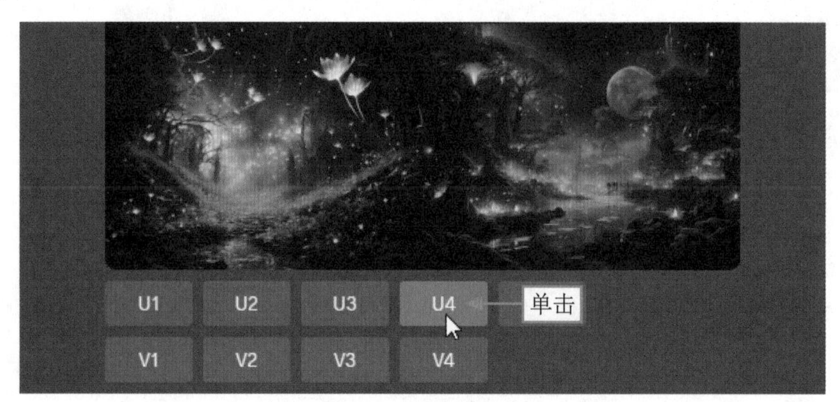

图18-13　单击U4按钮

STEP 05 ▶▶ 执行操作后，Midjourney将在第4张图片的基础上进行更加精细的刻画，并放大图片，效果如图18-14所示。

图18-14　图片放大效果

18.2.5　生成其他特效

影视特效可以通过图形、动画、声音等方式来呈现，它能够使观众更加沉浸于影视中，增加代入感。下面介绍另外3种特效，让读者对影视特效更加了解。

1. 光影特效

光影特效（lighting effects）是一种通过调整光照、阴影和材质属性制造出的特效效果，通过光照和阴影的调整，营造出不同的氛围和情感，例如，强烈的光束、晨昏光线、动态天气变化等都能给观众带来不一样的感受。光影特效可以使影视画面更加真实、生动，并且可以改变场景的整体外观。其效果如

图18-15所示。

图18-15　光影特效效果

2. 水面特效

水面特效（water surface effects）在影视中常用于模拟湖泊、河流、海洋等水域，为影视场景增添生动感和自然感。水面特效可以创造出逼真的水面，增加影视场景的真实感。精细的水面特效能够使观众更好地沉浸在影视世界中，同时也会对影视画面的美观度产生重要影响。水面特效的效果如图18-16所示。

图18-16　水面特效效果

3. 烟雾特效

烟雾特效（smoke effects）是一种用于模拟烟雾、蒸汽或气体的特效效果。烟雾特效能够为影视场景增添神秘感。通过调整烟雾颗粒的颜色和透明度，可以模拟不同类型的烟雾，如灰色、白色、黑色等烟雾特效。烟雾特效的效果如图18-17所示。

图18-17　烟雾特效效果

4. 爆炸特效

爆炸特效（explosive effects）用于模拟爆炸事件或火爆场景，这类特效通过视觉元素的设计和动画来呈现，以创造出产生爆炸后的场景。爆炸特效的效果如图18-18所示。

图18-18　爆炸特效效果

第19章 游戏场景：制作《神秘古堡》

AI可以用于生成游戏地图和地形。这些地图可以是开放世界游戏中的大型虚拟世界，也可以是小型关卡中的地图。通过AI生成地形，开发者就可以快速创建多样化的游戏环境。这样有助于加速游戏开发过程，减少开发团队的工作量，并可以在游戏中创造更多的趣味性。本章将详细介绍使用AI生成游戏场景的操作方法。

19.1 《神秘古堡》效果展示

游戏场景是指游戏中的环境，包括树木、建筑、天空、道路等元素。游戏场景是游戏中不可缺少的部分，能够为游戏玩家增强游戏体验感，增加玩游戏的乐趣。用户通过使用Midjourney的各种命令参数，可以实现游戏场景的快速创建。

在制作《神秘古堡》游戏场景之前，首先来欣赏本案例的图片效果，并了解本案例的学习目标、制作思路、知识讲解和要点讲堂。

19.1.1 效果欣赏

《神秘古堡》游戏场景图片效果如图19-1所示。

图19-1 《神秘古堡》图片效果

19.1.2 学习目标

知识目标	掌握游戏场景的生成方法
技能目标	（1）掌握生成关键词的方法 （2）掌握生成画面主体的方法 （3）掌握设置画面比例的方法 （4）掌握调整渲染质量的方法 （5）掌握控制画面艺术性的方法 （6）掌握使用平移扩图的方法
本章重点	调整渲染质量
本章难点	控制画面艺术性
视频时长	5分06秒

19.1.3 制作思路

本案例的制作首先要在Midjourney中使用describe指令来获取关键词，然后通过imagine指令生成画面主体，接着设置画面的比例和调整渲染质量，并控制画面的艺术性，最后使用平移扩图功能对图像进行拓展。图19-2所示为本案例的制作思路。

图19-2 本案例的制作思路

19.1.4 知识讲解

在使用AI生成游戏场景时，要确保游戏场景与游戏的目标和主题相一致，并且场景中的所有元素，包括背景、角色、道具和特效，都符合统一的艺术风格，这样的场景设计才能反映出游戏的故事情节、风格和主题。

19.1.5 要点讲堂

在本案例中用到了Midjourney中的平移扩图功能，它可以生成图片外的场景。

生成游戏场景的主要方法为：首先在Midjourney中使用指令获取关键词，然后通过指令生成画面的主体，接着设置画面比例、调整渲染质量和控制画面艺术性，最后对图像进行扩图。

19.2 《神秘古堡》制作流程

一个优秀的游戏场景应该能够吸引玩家，提供有趣的互动体验，与游戏的整体目标和主题相契合，并且在技术上表现出色。这些要素共同创造了一个引人入胜的游戏世界，使玩家沉浸其中并乐在其中。本节将介绍使用AI生成游戏场景的详细步骤，让读者对AI功能更加熟悉。

19.2.1 生成关键词

在Midjourney中使用describe指令可以快速生成图片的关键词，减少整理关键词所花费的时间，并且使用describe指令生成的关键词会更加符合原图。具体操作方法如下。

STEP 01 在Midjourney中选择describe指令，单击“上传”按钮，如图19-3所示。

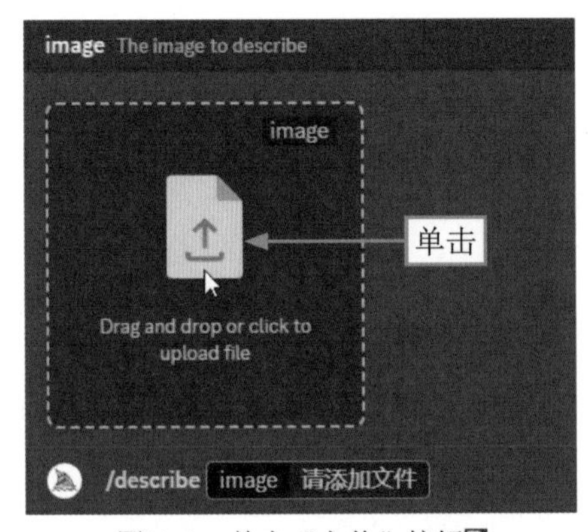

图19-3 单击“上传”按钮

STEP 02 弹出“打开”对话框，选择相应的图片，单击“打开”按钮，如图19-4所示，将图片添加到Midjourney的输入框中。

STEP 03 按Enter键确认，随后Midjourney会根据用户上传的图片生成4段关键词，如图19-5所示。

图19-4 单击“打开”按钮

图19-5 生成4段关键词

19.2.2 生成画面主体

在使用describe指令得到图片的关键词后，接下来从生成的关键词中选择一段输入到imagine指令后面。具体操作方法如下。

STEP 01 在生成的关键词中选择一段输入到imagine指令后面，这里选择第一段，如图19-6所示。

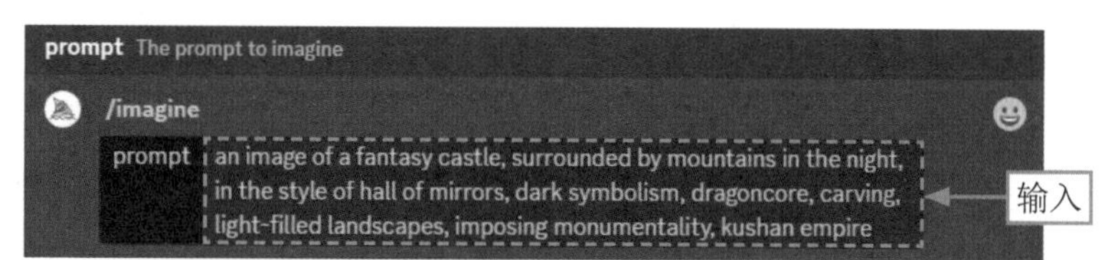

图19-6 输入相应关键词

STEP 02 按Enter键确认，即可生成游戏场景，效果如图19-7所示。

图19-7 游戏场景效果

19.2.3 设置画面比例

横向的画面能容纳更多的景物，我们可以用aspect rations指令将画面比例设置为4:3。具体操作方法如下。

STEP 01 在19.2.2节中关键词的末尾添加参数--ar 4:3，如图19-8所示。

图19-8 添加设置画面比例的参数

STEP 02 按Enter键确认，即可生成画面比例为4:3的游戏场景，效果如图19-9所示。

图19-9 设置画面比例后的游戏场景效果

19.2.4 调整渲染质量

用quality命令设置画面渲染质量可以让生成的图像产生更多细节，从而使图片更加精美。具体操作方法如下。

STEP 01 调用imagine指令输入相应的关键词，然后在关键词的后面添加参数--q 2，如图19-10所示。

STEP 02 按Enter键确认，即可调整画面的渲染质量，效果如图19-11所示。

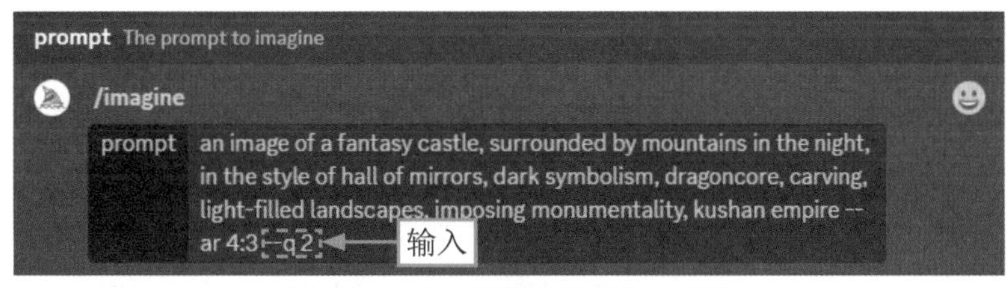

图19-10　添加调整渲染质量的参数

图19-11　调整渲染质量后的游戏场景效果

19.2.5　控制画面艺术性

使用stylize参数可以调整图片的艺术风格，我们可以通过设置stylize的值使生成的画面更具有艺术性。具体操作方法如下。

STEP 01 调用imagine指令输入相应的关键词，然后在关键词的后面添加参数--stylize 100，如图19-12所示。

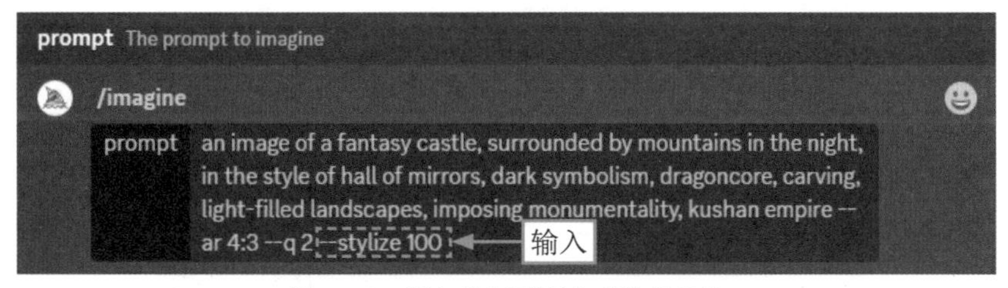

图19-12　添加控制画面艺术性的参数

STEP 02 按Enter键确认，即可提高画面的艺术性，效果如图19-13所示。

图19-13　提高画面艺术性后的游戏场景效果

STEP 03 ▶▶ 执行操作后，单击U1按钮，如图19-14所示。

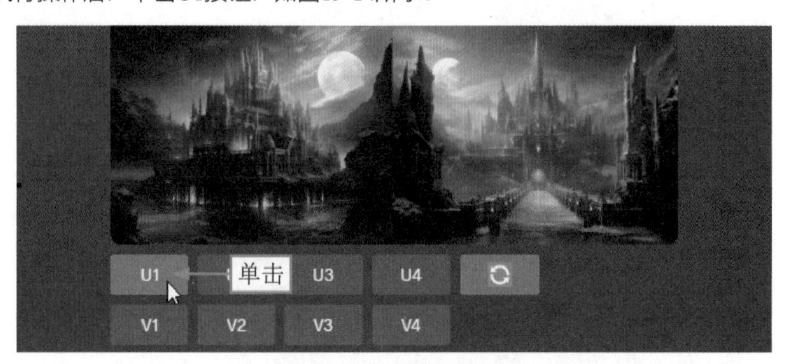

图19-14　单击U1按钮

STEP 04 ▶▶ 执行操作后，Midjourney将在第1张图片的基础上进行更加精细的刻画，并放大图片，效果如图19-15所示。

图19-15　图片放大效果

19.2.6 使用平移扩图

使用平移扩图功能可以生成图片外的场景。我们可以通过单击“上下左右箭头”按钮来选择图片所需要扩展的方向。下面向大家介绍详细的操作方法。

STEP 01 在放大后的图片下方单击“左箭头”按钮，如图19-16所示。

图19-16 单击“左箭头”按钮

STEP 02 执行操作后，Midjourney将在原图的基础上生成4张向左平移扩图后的图片，效果如图19-17所示。

图19-17 向左平移扩图后的图片效果

STEP 03 选择其中一张放大，然后再次单击下方的“右箭头”按钮，Midjourney将在原图的基础上生成4张向右平移扩图后的图片，效果如图19-18所示。

图19-18　向右平移扩图后的图片效果

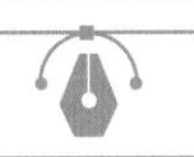

专家指点

平移扩图功能在同一张图片上无法同时进行水平和垂直方向的平移，并且一旦使用平移扩图功能后就无法再使用V按钮，图片的底部只会显示U按钮。

STEP 04 单击U3按钮进行放大，效果如图19-19所示。

图19-19　图片放大效果

STEP 05 在放大后的图片下方单击Make Square（变成直角）按钮，如图19-20所示。Make Square的功能会使图片变为1:1的比例。

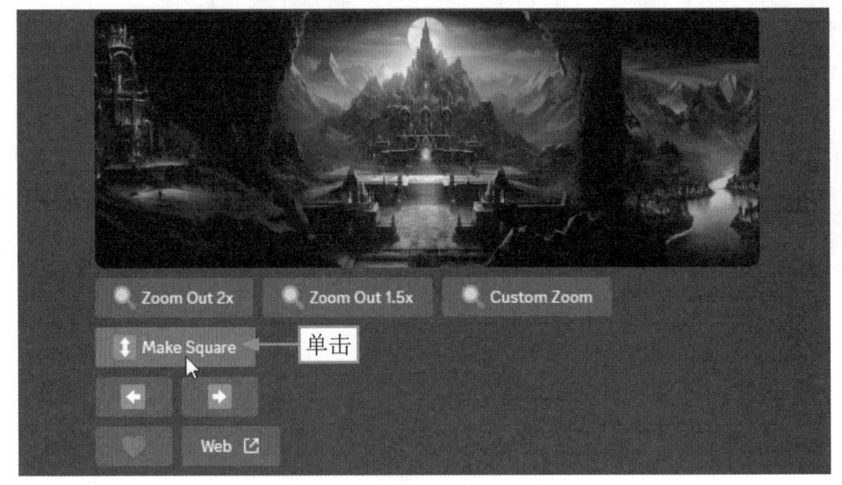

图19-20　单击Make Square按钮

STEP 06 执行操作后，图片将分别向上方和下方进行平移扩图，生成比例为1:1的图片，效果如图19-21所示。

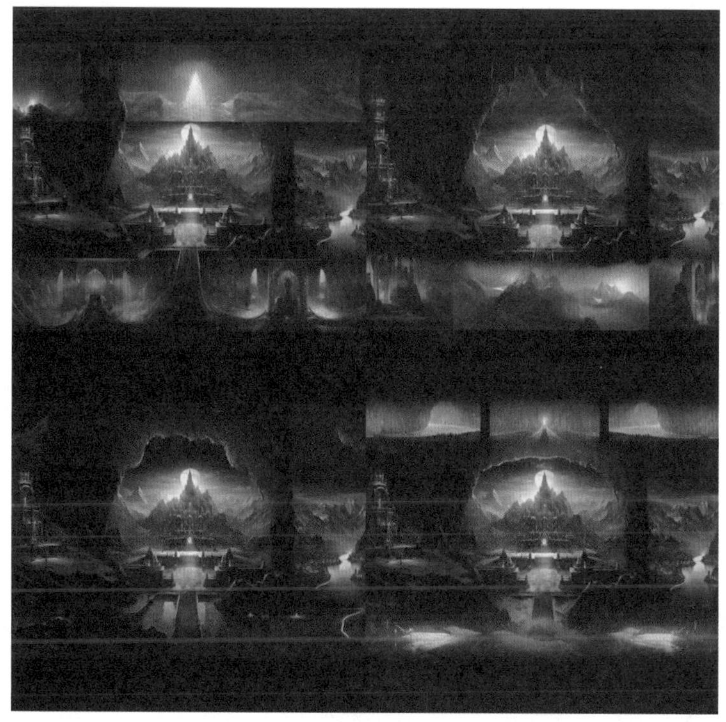

图19-21　比例为1:1的图片效果

STEP 07 单击U3按钮，将图片进行放大，效果如图19-22所示。

图19-22　图片放大效果

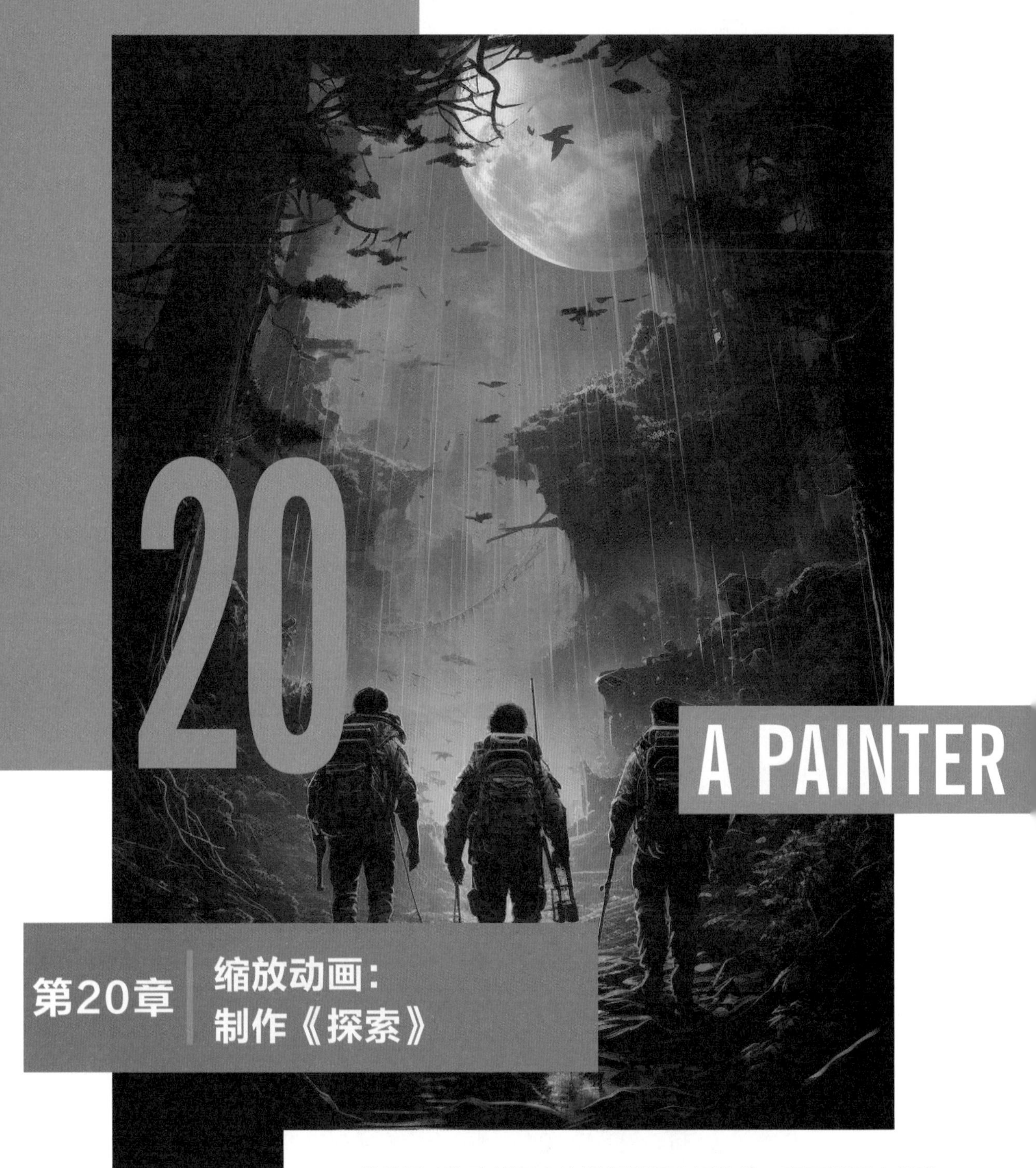

第20章 缩放动画：制作《探索》

剪映是一款功能强大的视频编辑应用软件，它可以用来创建、编辑或合成视频内容，帮助用户轻松地创建出令人印象深刻的视频内容。本章主要介绍运用Midjourney的缩放功能和剪映的视频编辑功能制作《探索》缩放动画的操作方法，帮助读者提升对AI功能的理解。

20.1 《探索》效果展示

缩放动画是指使用Midjourney的缩放功能生成图片，然后利用剪辑软件来进行视频编辑得到的变焦动画。变焦动画可以用来增强视觉效果，引导观众的注意力，或者用于创造戏剧性的效果。

在制作《探索》缩放动画之前，首先来欣赏本案例的图片效果，并了解本案例的学习目标、制作思路、知识讲解和要点讲堂。

20.1.1 效果欣赏

《探索》缩放动画图片效果如图20-1所示。

图20-1 《探索》图片效果

20.1.2 学习目标

知识目标	掌握缩放动画的生成方法
技能目标	（1）掌握设置版本号的方法 （2）掌握生成图片素材的方法 （3）掌握缩放图片大小的方法 （4）掌握进行场景转换的方法 （5）掌握导入图片素材的方法 （6）掌握添加视频关键帧的方法 （7）掌握添加视频背景音乐的方法 （8）掌握将视频导出的方法
本章重点	进行场景转换
本章难点	添加视频关键帧
视频时长	13分08秒

20.1.3 制作思路

本案例的制作首先要设置Midjourney的版本号，然后生成图片素材，缩放图片大小，进行场景转换，接下来在剪映中导入图片素材并进行视频编辑，最后导出视频。图20-2所示为本案例的制作思路。

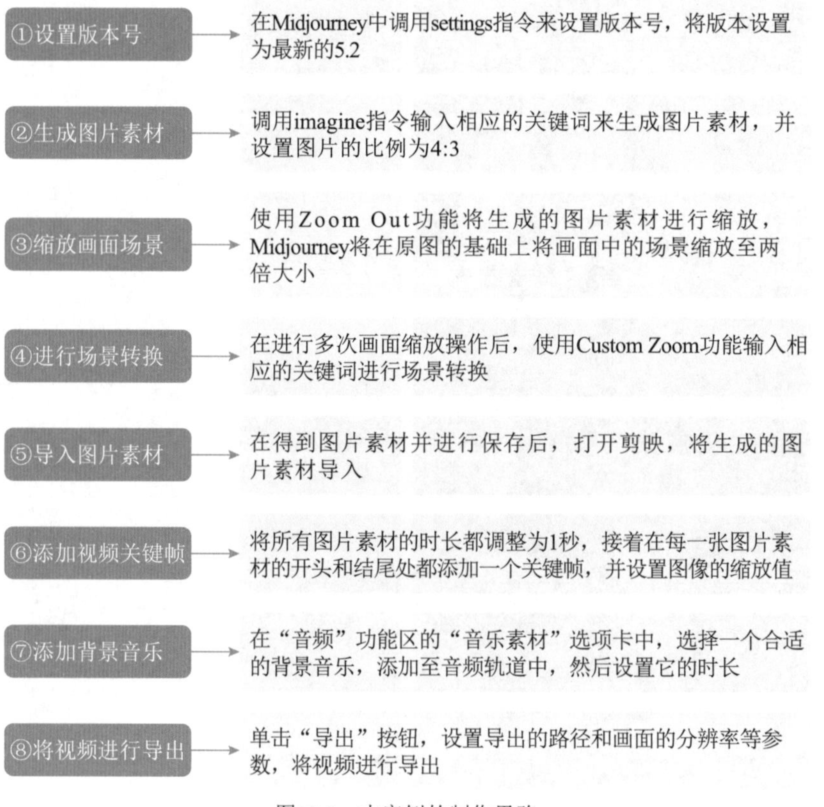

图20-2 本案例的制作思路

20.1.4　知识讲解

缩放动画的时长是由生成的图片数量决定的，如果想要使动画效果持续的时间更长，那么就需要在Midjourney中生成更多的图片素材。在生成素材的时候，可以多次进行场景转换，这样得到的视频效果会更好。

20.1.5　要点讲堂

在本案例中用到了Midjourney中的缩放功能，使用Zoom Out（缩小）功能可以将图片的镜头拉远，在同一张图片上多次缩小画面场景，可以使图片捕捉到的范围更大，在图片主体周围生成更多的细节。

生成缩放动画的主要方法为：首先设置Midjourney的版本号，然后生成图片素材，缩放图片大小，进行场景转换，接下来导入图片素材到剪映，添加关键帧和背景音乐，最后将视频导出。

20.2 《探索》制作流程

我们可以使用Midjourney生成所需要的素材，然后将素材导入至剪映中，应用各种特效和滤镜改变视频的视觉效果，使其更具吸引力，创造出一个完整的影片。本节将介绍制作《探索》缩放动画的操作方法。

20.2.1　设置版本号

在生成素材之前，首先要设置Midjourney的版本号，将版本设置为5.2才能使用缩放功能。具体操作方法如下。

STEP 01 在输入框中输入“/”，然后在弹出的列表框中选择settings指令，如图20-3所示。

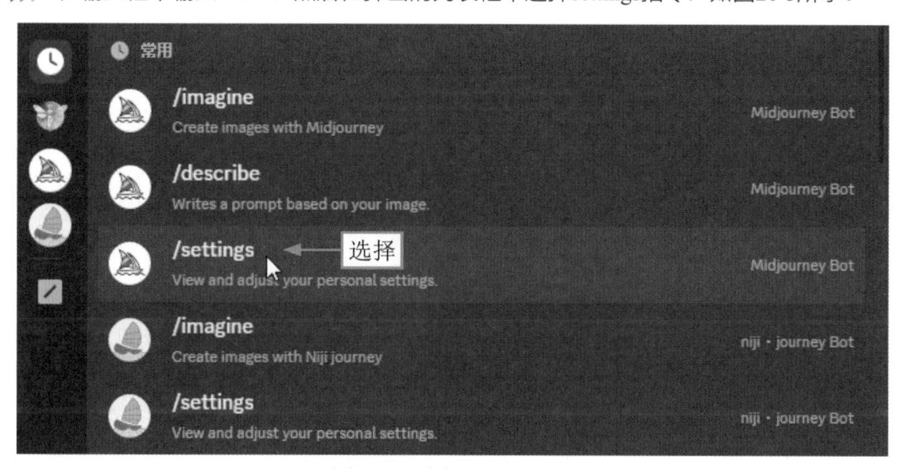

图20-3　选择settings指令

STEP 02 按Enter键确认，将打开Midjourney的设置面板，单击下拉按钮，如图20-4所示。

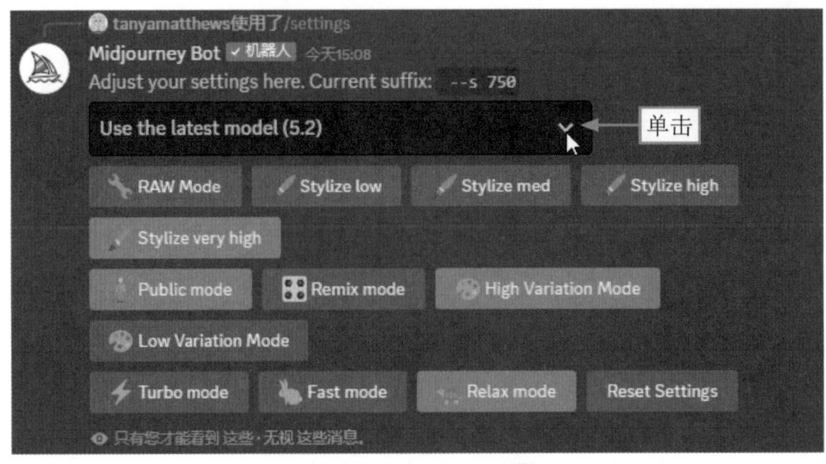

图20-4　单击下拉按钮

STEP 03 在弹出的下拉列表框中，选择Midjourney Model V5.2选项，如图20-5所示。

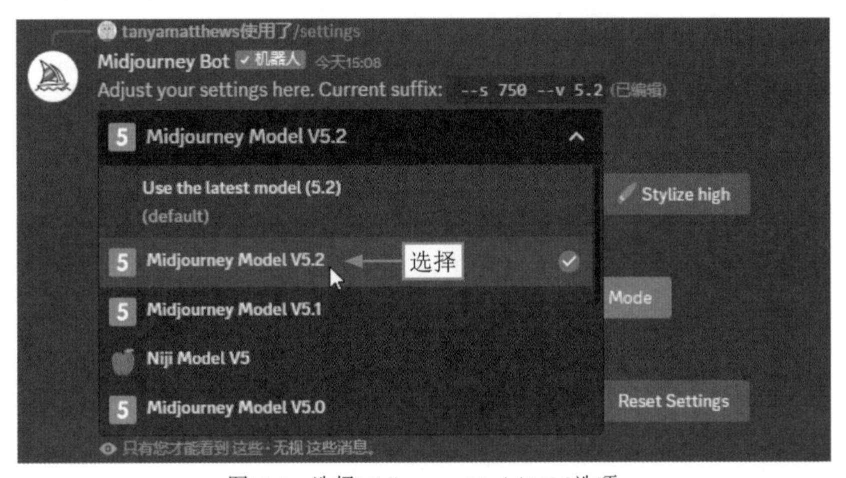

图20-5　选择Midjourney Model V5.2选项

20.2.2　生成图片素材

在设置了Midjourney的版本号后，接下来就可以生成素材了。使用Midjourney生成一张照片素材，具体操作方法如下。

STEP 01 在Midjourney中调用imagine指令，在输入框内输入相应的关键词，如图20-6所示。

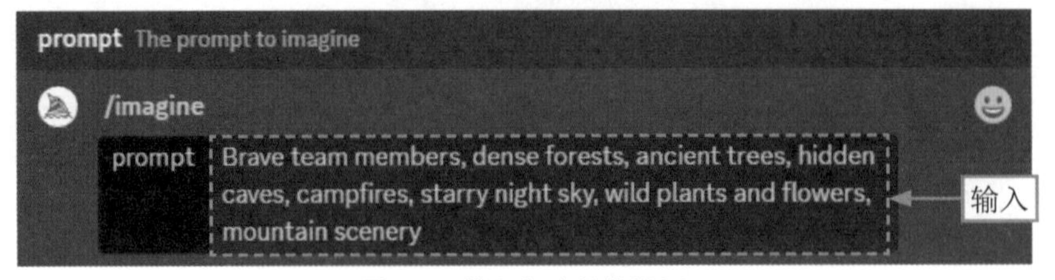

图20-6　输入相应的关键词

STEP 02 在关键词末尾添加指令--ar 4:3，设置图像的比例，如图20-7所示。

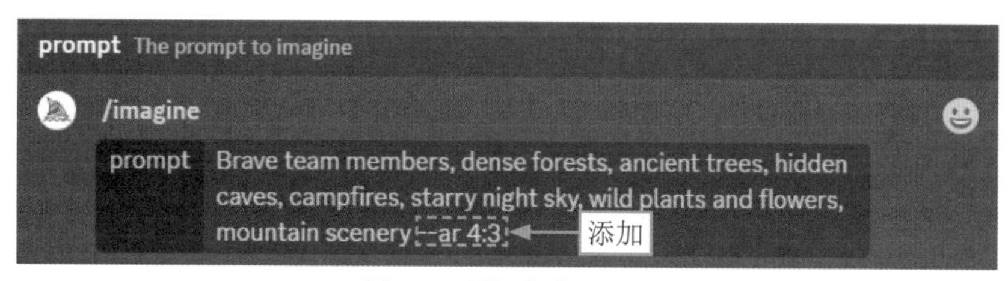

图20-7 添加指令--ar 4:3

STEP 03 按Enter键确认，即可生成图片素材，如图20-8所示。

图20-8 生成图片素材

STEP 04 在生成的4张图片中，选择其中合适的一张进行放大，例如这里选择第2张图片，单击U2按钮，如图20-9所示。

图20-9 单击U2按钮

STEP 05 执行操作后，Midjourney将在第2张图片的基础上进行更加精细的刻画，并放大图片，效果如图20-10所示。

图20-10　图片放大效果

20.2.3　缩放画面场景

在生成合适的图片素材后，接下来使用Zoom Out功能对图片素材的画面场景进行缩放。具体操作方法如下。

STEP 01 在生成的图片素材下方单击Zoom Out 2x按钮，如图20-11所示。

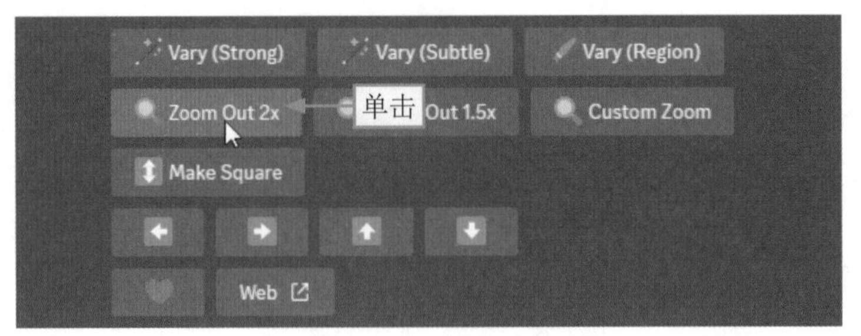

图20-11　单击Zoom Out 2x按钮

STEP 02 随后Midjourney将在原图的基础上，将画面缩小为原图的一半，并生成4张图片，效果如图20-12所示。

STEP 03 选择其中合适的一张图片放大，然后继续单击Zoom Out 2x按钮使画面缩小为原图的一半，效果如图20-13所示。

图20-12　画面缩小后的4张图片

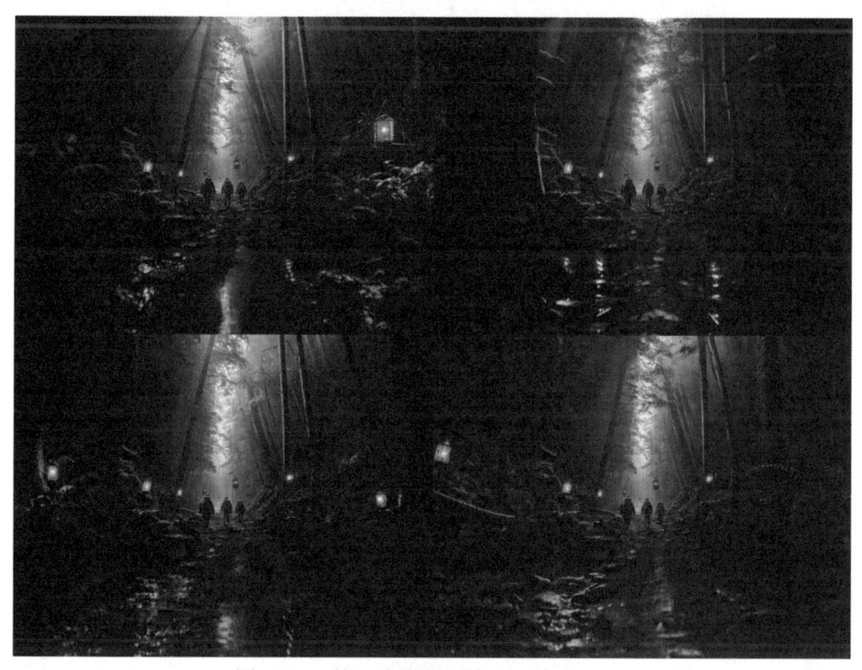

图20-13　第二次将画面缩小后的4张图片

20.2.4　进行场景转换

使用Custom Zoom（自定义缩放）功能可以对画成场景自定义缩放，用该功能对画面进行多次缩放，然后进行场景转换。具体操作方法如下。

STEP 01 重复进行多次缩放操作，然后选择其中合适的一张图片放大，单击Custom Zoom按钮，如图20-14所示。

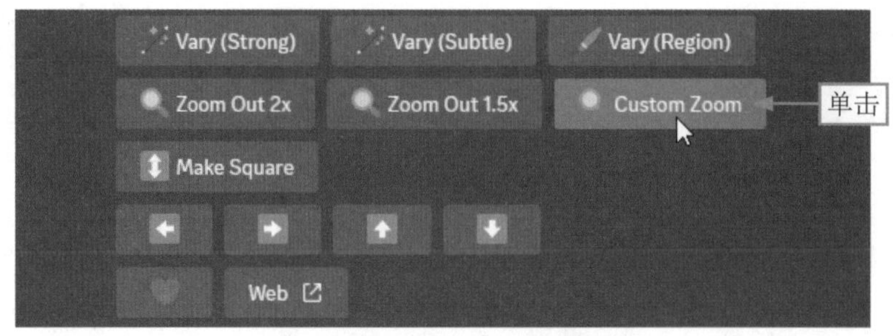

图20-14　单击Custom Zoom按钮

STEP 02 执行操作后，弹出Zoom Out对话框，将原来的关键词删除，然后输入新的关键词Architecture, lighting, water surface --s750 --v5.2 --ar 4:3 --zoom 2（大意为：建筑，灯光，水面）”，如图20-15所示。

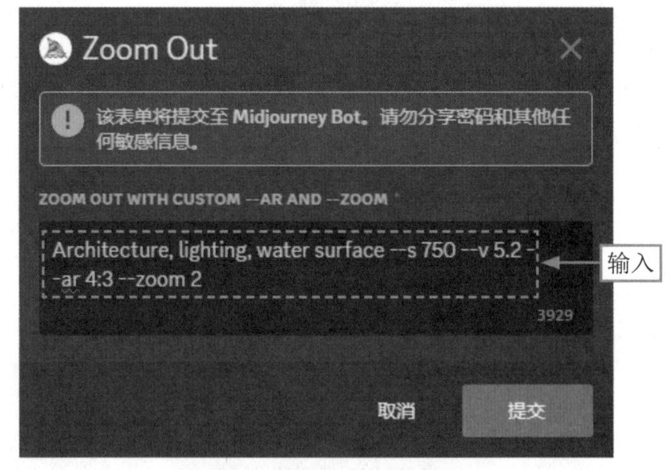

图20-15　输入相应的关键词

STEP 03 单击“提交”按钮，即可完成第一次场景转换，效果如图20-16所示。

图20-16　第一次场景转换效果

专家指点

需要注意的是，在Zoom Out对话框中删除原来的关键词并不会影响原来的画面，重新填写的关键词生成的是放大扩充的区域。在需要继续进行缩放操作前，首先要在生成的4张图片中选择一张进行放大，才能继续下一步操作。

STEP 04 选择一张图片放大，然后用同样的方法继续使用Zoom Out功能对画面场景进行多次缩放，效果如图20-17所示。

图20-17　多次缩放后的效果

STEP 05 单击U4按钮，放大第4张图片，如图20-18所示。

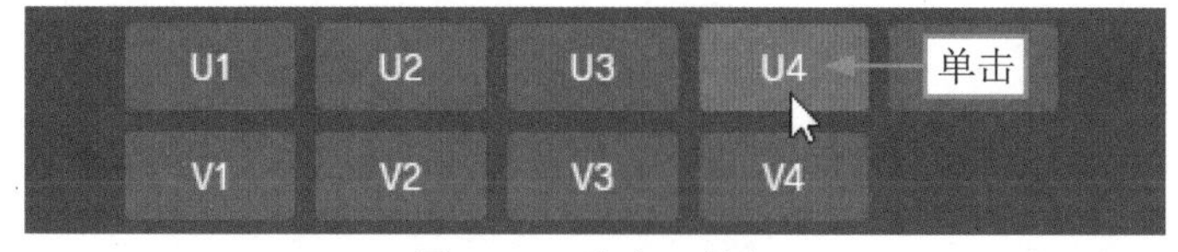

图20-18　单击U4按钮

STEP 06 执行操作后，Midjourney将在第4张图片的基础上进行更加精细的刻画，并放大图片，效果如图20-19所示。

图20-19　图片放大效果

STEP 07 ▶▶ 进行第二次场景转换，单击Custom Zoom按钮，在弹出的Zoom Out对话框中输入关键词In a mirror --ar 4:3 --zoom 2（大意为：在镜子里），如图20-20所示。

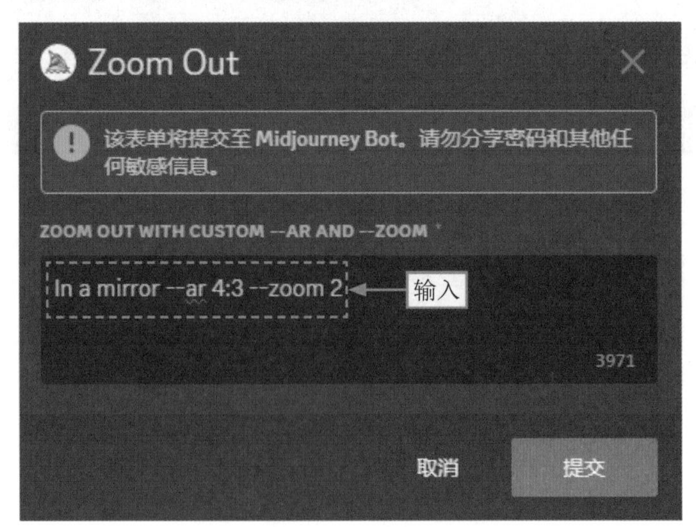

图20-20　输入相应的关键词

STEP 08 ▶▶ 单击“提交”按钮，即可依照关键词进行第二次场景转换，效果如图20-21所示。

图20-21 第二次场景转换效果

STEP 09 继续使用Zoom Out功能对画面进行缩放，直至场景显现出来，效果如图20-22所示。

图20-22 继续使用Zoom Out功能进行缩放

专家指点

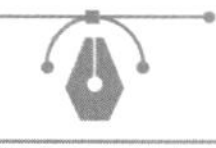

用户可以根据需求进行多次缩放操作，然后将缩放后的图片保存，以便后续制作视频时使用。

STEP 10 进行第三次场景转换，单击Custom Zoom按钮，在弹出的Zoom Out对话框中输入关键词On the TV screen in the living room --ar 4:3 --zoom 2（大意为：在客厅的电视屏幕里），如图20-23所示。

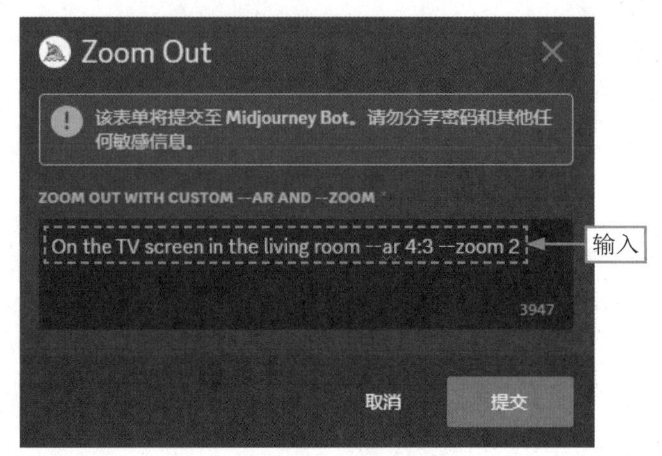

图20-23　输入相应的关键词

STEP 11 单击“提交”按钮，即可依照关键词进行第三次场景转换，效果如图20-24所示。

图20-24　第三次场景转换效果

用户可以继续使用Zoom Out功能来获取更多的图片，将这些图片保存下来作为素材进行视频编辑操作。

20.2.5　导入图片素材

使用Midjourney生成所需要的素材后，将其保存下来，然后使用剪映进行视频剪辑操作。下面介绍具体的操作方法。

STEP 01 打开剪映，单击“开始创作”按钮，如图20-25所示。

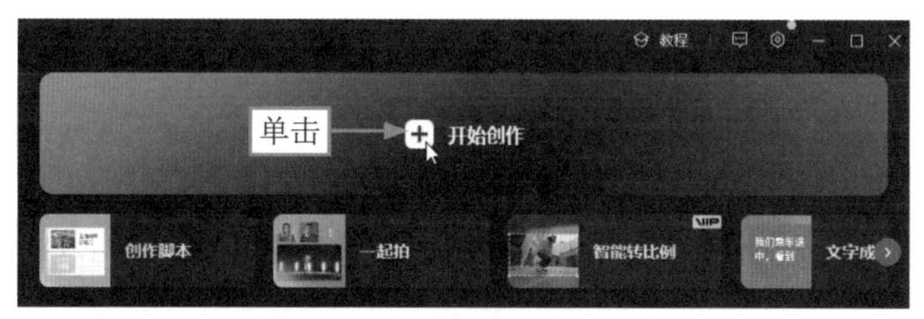

图20-25 单击“开始创作”按钮

STEP 02 执行操作后，进入剪映的操作界面，然后单击“导入”按钮，如图20-26所示。

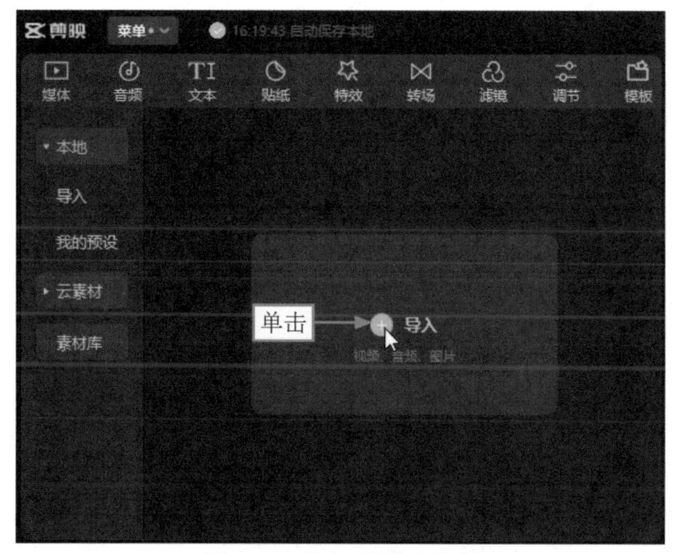

图20-26 单击“导入”按钮

STEP 03 弹出“请选择媒体资源”对话框，选择用Midjourney生成的图片素材，然后单击“打开”按钮，如图20-27所示。

STEP 04 执行操作后，即可导入图片素材，如图20-28所示。

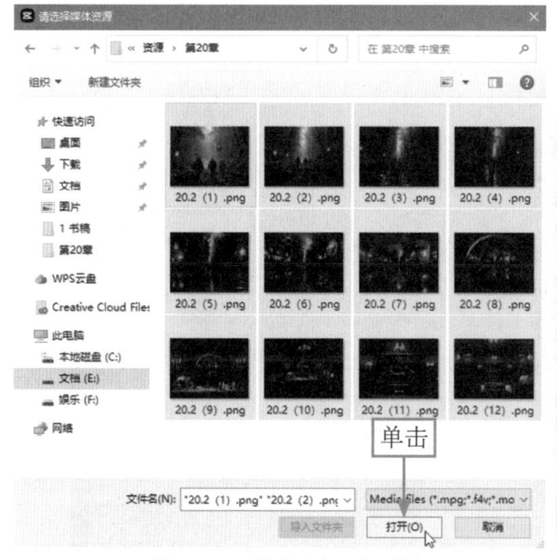

图20-27 单击“打开”按钮

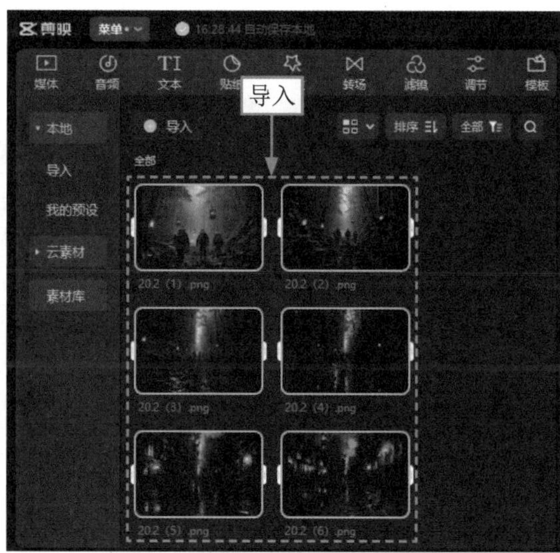

图20-28 导入图片素材

20.2.6 添加视频关键帧

将图片素材导入剪映后，接下来将所有图片的时长都设置为1秒，并在图片开头和结尾处添加关键帧。下面介绍具体的操作方法。

STEP 01 在图片素材的右下角单击“添加到轨道”按钮，将其添加到视频轨道中，如图20-29所示。

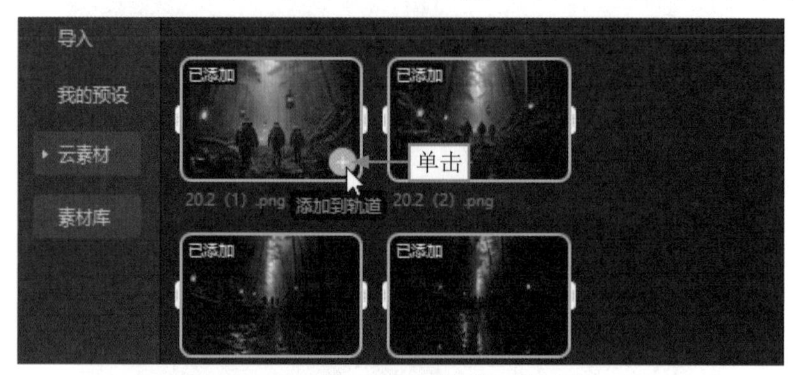

图20-29 单击“添加到轨道”按钮

STEP 02 执行操作后，在视频轨道中将所有图片的时长都调整为1秒，如图20-30所示。

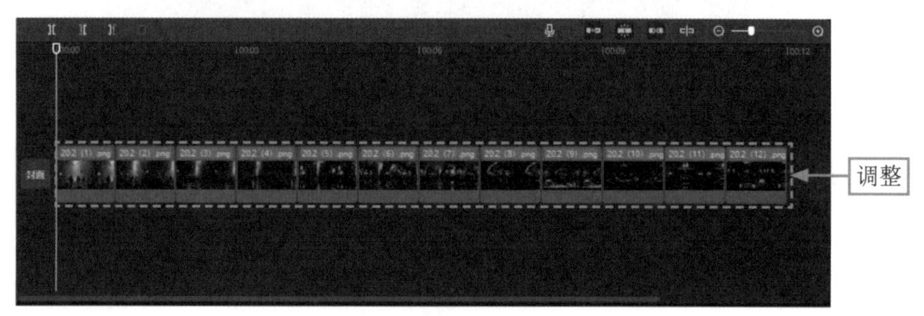

图20-30 调整图片的时长

STEP 03 单击第一张图片素材，将时间滑块拖曳至起始位置，然后单击“缩放”选项右侧的“添加关键帧”按钮，并将“缩放”值调整为210%，如图20-31所示。

STEP 04 将时间滑块拖曳至第1个图片素材的结束位置，然后单击“缩放”选项右侧的“添加关键帧”按钮，并将“缩放”值调整为105%，如图20-32所示。

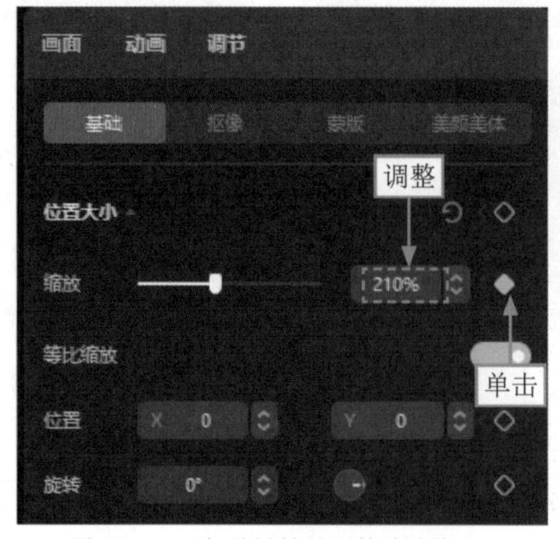

图20-31 添加关键帧并调整缩放值（1）

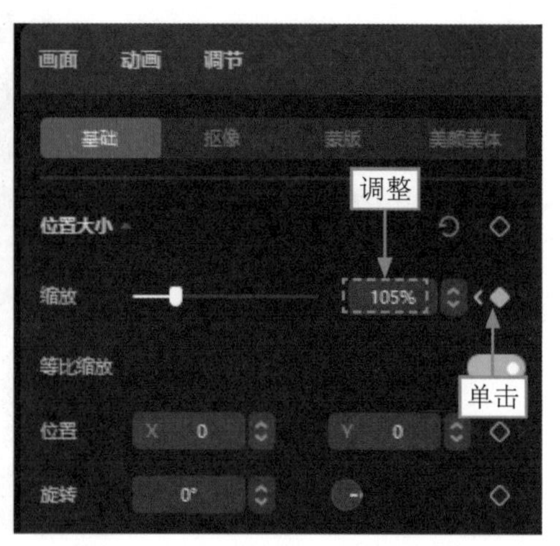

图20-32 添加关键帧并调整缩放值（2）

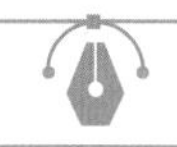

专家指点

每张图片都是基于2倍大小来进行缩放的，在200%的基础上添加10%的值可以让画面衔接得更加平滑流畅。

STEP 05 用同样的方法，在每张图片素材的前后都添加一个关键帧，并调整缩放值，效果如图20-33所示。

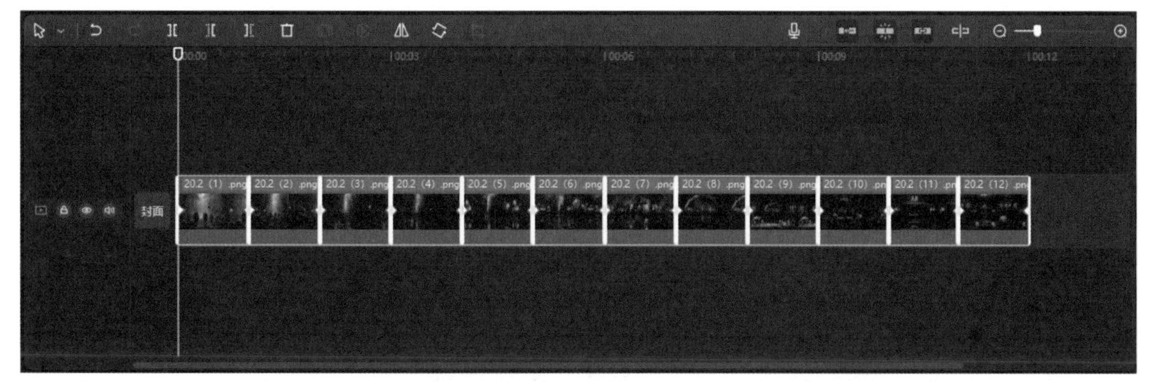

图20-33 为其他图片素材添加关键帧并调整缩放值后的效果

20.2.7 添加背景音乐

背景音乐的节奏与视频的节奏相协调，可以使视频的整体观感更加流畅。给视频添加一个合适的背景音乐，可以调整视频的节奏，使视频效果更加出色。下面介绍具体的操作方法。

STEP 01 单击“音频”按钮，切换至“音频”功能区，如图20-34所示。

STEP 02 在“音乐素材”选项卡中选择一个合适的音乐作为视频的背景音乐，然后单击“添加到轨道”按钮，如图20-35所示。

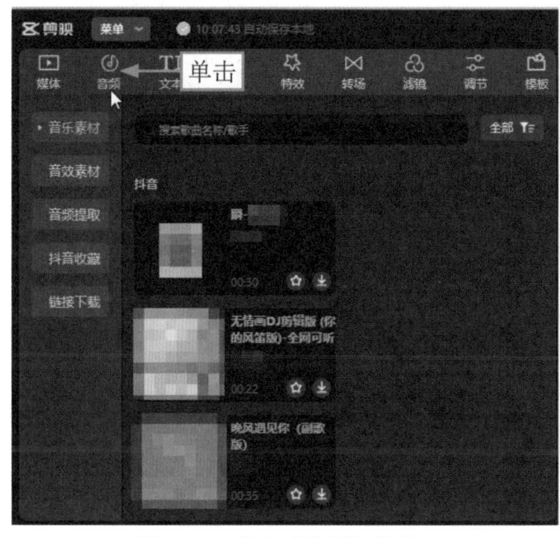

图20-34 单击“音频”按钮

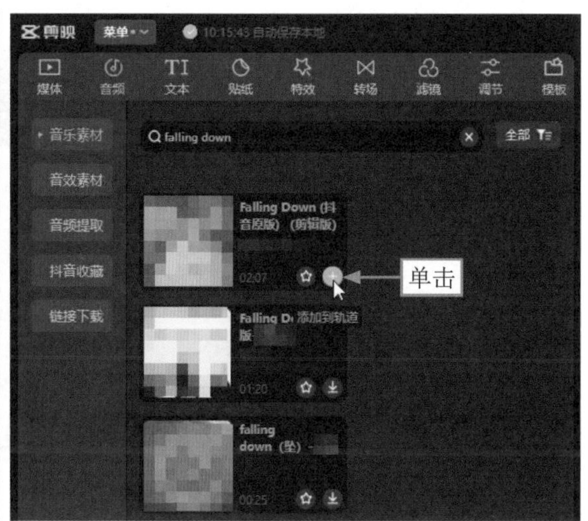

图20-35 单击“添加到轨道”按钮

STEP 03 执行操作后，即可为视频添加背景音乐。在音频轨道上调整背景音乐的时长，将音乐时长调整为与视频时长一致，如图20-36所示。

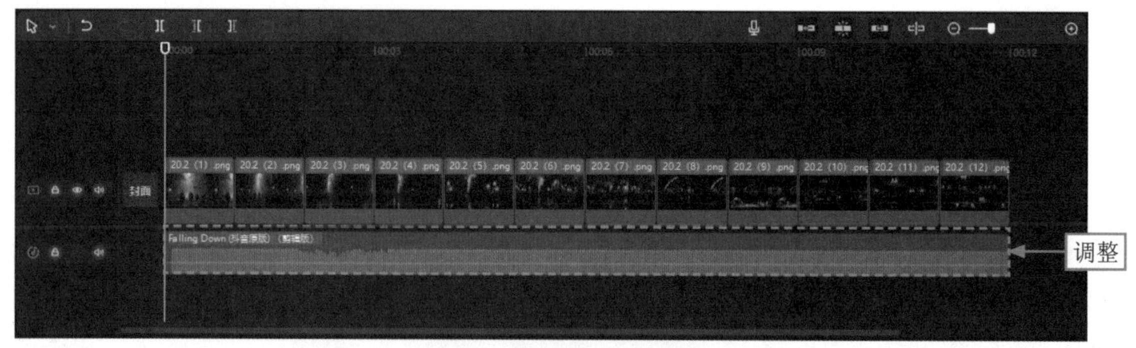

图20-36　调整背景音乐时长

STEP 04 在“播放器”页面下方单击“比例”按钮，如图20-37所示，用户可以在其中选择一个合适的画面比例。

STEP 05 在弹出的列表框中选择4:3选项，如图20-38所示，即可将画面比例调整为4:3。

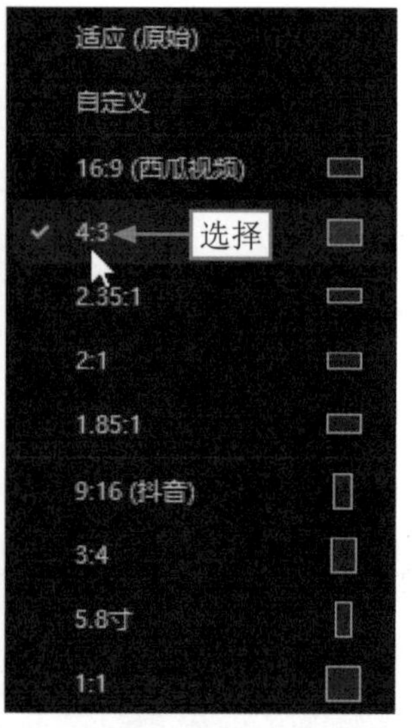

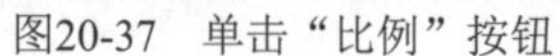

图20-37　单击“比例”按钮

图20-38　选择4:3选项

20.2.8　将视频导出

完成视频的制作后，接下来要将视频导出，只需单击“导出”按钮，即可将视频导出至合适的位置。下面介绍具体的操作方法。

STEP 01 单击剪映操作界面右上角的“导出”按钮，如图20-39所示。

STEP 02 弹出“导出”对话框，单击“导出路径”按钮，如图20-40所示。

STEP 03 弹出“请选择导出路径”对话框，选择合适的导出路径，然后单击“选择文件夹”按钮，如图20-41所示。

图20-39 单击“导出”按钮

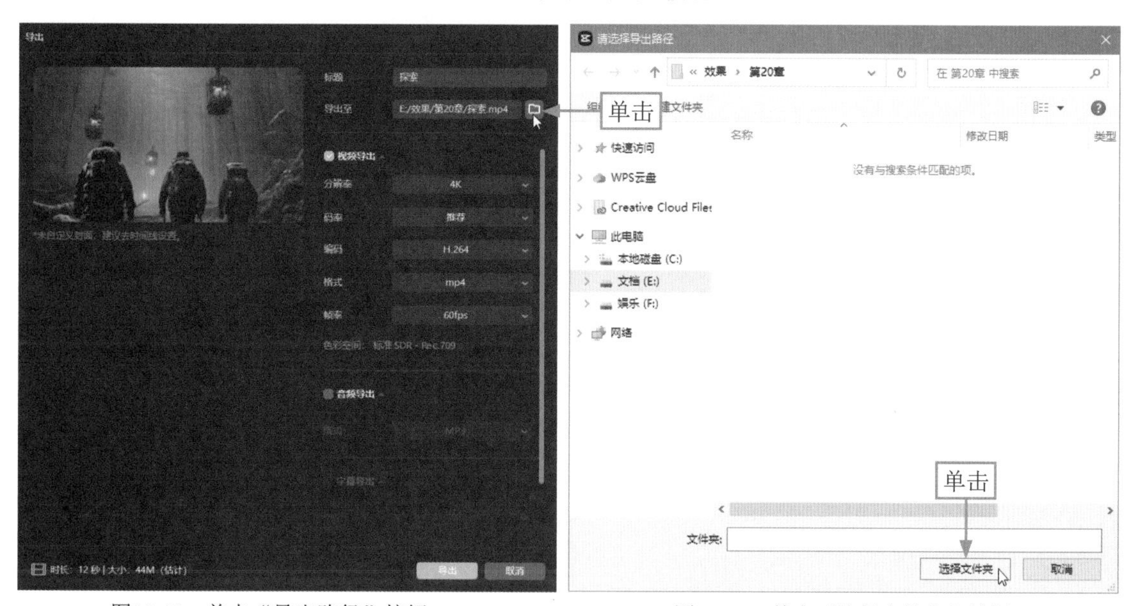

图20-40 单击“导出路径”按钮　　图20-41 单击“选择文件夹”按钮

STEP 04 执行操作后，弹出“导出”对话框，在该对话框中单击“分辨率”选项右侧的下拉按钮，在弹出的下拉列表框中选择720P选项，如图20-42所示。该操作是为了通过降低视频的分辨率，来减少视频的内存占用空间。

STEP 05 执行操作后，在对话框的右下角单击“导出”按钮，如图20-43所示，即可将视频导出。

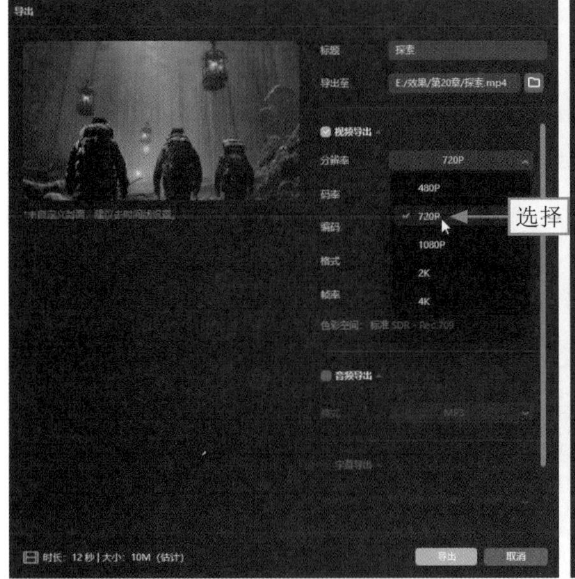

图20-42　选择720P选项

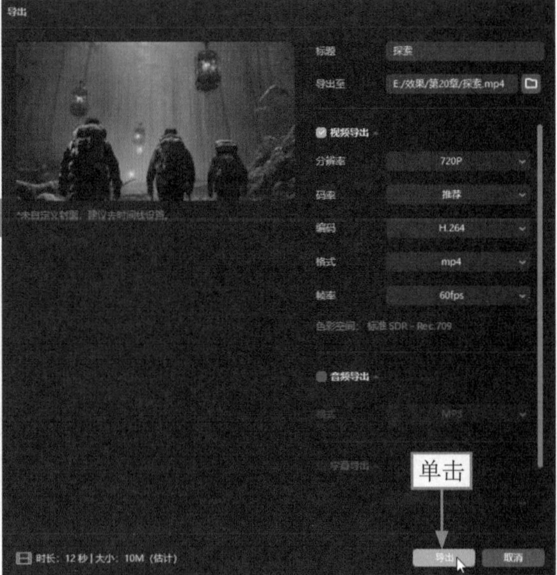

图20-43　单击“导出”按钮

专家指点

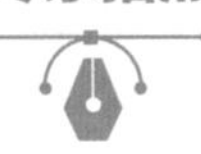

在默认情况下，“音频导出”复选框和“字幕导出”复选框会处于选中状态，如果用户不需要导出音频文件和字幕文件，可以单击复选框取消选中。